延迟你的满足感

墨 非 ◎ 著

中国华侨出版社

· 北 京 ·

图书在版编目（CIP）数据

延迟你的满足感 / 墨非著. –北京：中国华侨出
版社，2021.10

ISBN 978-7-5113-8417-1

Ⅰ．①延… Ⅱ．①墨… Ⅲ．①成功心理–通俗读物

Ⅳ．①B848.4–49

中国版本图书馆 CIP 数据核字（2020）第 226673 号

● 延迟你的满足感

著　　者／墨　非

责任编辑／王　委

责任校对／孙　丽

封面设计／天下书装

经　　销／新华书店

开　　本／710 毫米×1000 毫米　1/16　印张 /15　字数 /175 千字

印　　刷／香河县宏润印刷有限公司

版　　次／2021 年 10 月第 1 版　2021 年 10 月第 1 次印刷

书　　号／ISBN 978-7-5113-8417-1

定　　价／49.80 元

中国华侨出版社　北京市朝阳区西坝河东里 77 号楼底商 5 号　邮编：100028

法律顾问：陈鹰律师事务所　　　　　编辑部：（010）64443056　　　64443979

发行部：（010）64443051　　　　　传　真：（010）64439708

网　址：www.oveaschin.com　　　E－mail：oveaschin@sina.com

如发现印装质量问题，影响阅读，请与印刷厂联系调换

　　"延迟满足感"这个概念最早出现于美国，讲的是斯坦福大学心理学博士瓦特·米歇尔在 1966 年到 1970 年，在一家幼儿园进行的一个有关自制力的心理学经典实验，即棉花糖实验。

　　受试者都是 4～5 岁的小朋友，他们每个人面前都有一块棉花糖，他们可以选择马上吃掉，但如果可以再等待 15 分钟，他们就可以得到两块。不同的孩子有不同的表现。有的孩子没能够忍住，就直接吃掉了棉花糖；有些孩子则用比如唱歌、蒙眼睛等方法转移自己的注意力，抵抗住了眼前的诱惑。

　　实验到此还未结束，真正让这个实验成为心理学经典实验的原因是，在大约 30 年后，米歇尔对这些受试者进行了跟踪调查，发现当年那些能够抵制住诱惑的小朋友，有更好的人生表现，比如，每次考试都能取得不俗的成绩，他们有更好的教育背景以及更好的身体素质与人生事业等等。这个实验用一个极为简单的方法，证明了"延迟满足感"对个人成就产生的深刻影响。

　　这里所说的"延迟满足感"指的是一种甘愿为更有价值的长远结

果而放弃即时满足的抉择取向，以及在等待期中展示的自我控制能力。一个人是否拥有"延迟满足感"的能力是判断一个人能否完成各项任务、协调好各种人际关系以及能否成功适应社会的必要条件。

实际上，在现实生活中，一个人是否懂得"延迟自我满足感"，不仅关乎着其自控力的强弱，而且还关乎着其是否拥有格局、眼界、坚持、忍耐、不断地前进等品质，而这些恰好是一个人甩掉平庸、取得成就的极为重要的因素。所以，字节跳动CEO（首席执行官）张一鸣说："很多人无法成功是因为缺少'延迟满足感'……很多人，人生中一半的问题都是这个问题——没有延迟满足感。"查理·芒格是巴菲特身后最重要的智囊之一，他自称是"延迟满足感"方面的专家。同样，身为一个企业，华为也懂得延迟满足感，他们在产品的研发上花了极大的力气，这些都不是短期见效的事。产品研发阶段有诸多的困难要克服，要么就是性能不佳，要么就是成本太高，要么就是市场不认可，甚至根本看不到希望。随着时间的流逝，工程师们慢慢摸索迭代，致使产品性能越来越好，成本越来越低，直到有一天被市场广泛接受，然后就是爆发式地增长，最终在世界高科技行业占有一席之地………可以说，懂得"延迟满足感"是每个了不起的个人或企业身上所共有的特质。他们从不满足于当下，而是永远着眼于未来，为了达到目标，可以忍受常人所无法忍受的苦难、煎熬等，就像一根生长着的竹子，能够经受住4～5年只能成长几厘米，但是从第五年时间开始，它就像被施了魔法：能以每天30厘米的速度快速成长，仅用6周时间便能长到15米。原因是它将所有的努力都用在了地下，用在了伸展根系上面。五年的时间，它的根居然可以扎到几公里远。这么充分的准备，如此强大的根系，才造就了如此令人惊叹的奇迹。

愿每个人都有自觉延迟自我满足感的思维与习惯，用它来浇灌我们的事业大树，从而让自己的人生焕发出奇迹！

目录

第一章

多数人生困局，都源于太急于获得即时的满足

　　延迟满足感是指一种甘愿为更有价值的长远结果而放弃即时满足的抉择取向，以及在等待期中展示的自我控制能力。而这种能力是个体能否完美地完成各项任务、协调好人际关系、能否成功适应社会的必要条件之一。而生活中，很多人的人生困局，都源于缺乏这种能力，即太急于获得即时满足感。比如一个人总是沉浸于各种"垃圾快乐"中损耗个人精力和时间，而忘记了人生有更重要和伟大的事业要去追求；比如一个人设定了不错的人生目标，却因为坚持过程中的各种"拦路虎"而半途而废，最终让自己在扼腕叹息中坐视他人的成功；比如一个人总是目光短浅，刚一付出就着急去要回报，最终做出了毁掉个人前途的事情……如果你仔细观察或分析，就会发现，我们人生的诸多困局，都是延迟自我满足感的能力的缺失造成的。我们总是太急于获得即时的满足感，或者一旦沉浸于眼下的满足感中便无法自拔，进而使精神沉沦、意志消沉，再也难以走出来……所以，要成为一个厉害的人，一个能成就大事的人，就从认知和提升延迟满足感的能力开始吧！

人生中的多数困局，都源于不能延迟满足感

所谓的"满足感"即指人类等生命体的需求得到实现时的感受。从心理学的角度分析，人类是一种追求即时快感的物种，也正是这种对快感的盲目追求，才使我们经常会放弃长远的目标，而下意识地去追求可以立即看到结果的短暂的快感。正是因为此，多数人便养成了"短视"的问题，而人生中的多数难题或不顺心，上至工作、事业，下至婚姻、家庭等，都是因为"短视"而带来的。比如，刚毕业找工作，总是想着"钱多、活少、离家近"，最终只能在对现实不满的纠结和焦虑中不断消耗自己的精力，而忘记了如何去提升自我，实现自身的增值，从而时时面临"找寻新工作"的窘境；自己创业，刚刚取得一点成就便开始沉浸于巨大的自我满足感中，开始变得傲慢、自大或迷失自我，从而遭遇事业的挫败。

大学时候，宿舍总共住着六个人，刘青是睡在最靠窗边的女孩。她长相一般，却是个乐观十足的人，经常爱冲人笑。与总沉浸于八卦新闻中无法自拔的普通女生相比，她似乎对什么鸡毛蒜皮的小事都不关心，遇事也不争不抢，也不怎么爱出风头。半年下来，这个看似文静恬淡的黝黑女孩，却与班里每个人的关系都处得不错。

她对很多事都不怎么上心，唯独对学习很认真。她从入大学的第一天，无论风吹雨打，无论白天有没有课，有没有作业，她每天早上都会在6点钟准时起床，7点钟到图书馆，下午5点准时回宿舍或教

室，晚上则会去校外的酒吧或参加学校组织的各种活动。但老师布置的作业，她都会认真完成，从未懈怠过。

周围同学曾问过她，好不容易脱离了苦不堪言的高中生活，为何还要继续过这种苦行僧般的生活。她笑道："在离开父母之前，我就是过得太过安逸才考上了这所普通大学。现在离开家了，真正能让自己走得远、走得快和走得踏实的，就得靠勤奋啊，这样才能把之前丢失的东西找回来！"

正是长时间的自我约束，给她带来了诸多的"好运"：第一学期结束，她的成绩全班第一，而且班里的学生包括班长都喜欢和她交谈，就连教授也喜欢她。整个大学四年结束，当大家都在苦恼毕业论文和找工作时，她已经顺利拿到了一所国家重点大学的研究生录取通知书。

毕业时，一位教授曾这样评价她：一个人如此懂得延迟自我满足感，她人生最差的结局也是"大器晚成"！

那时，同宿舍的还有另一个同学，叫张梅。她有着不错的家境，身形苗条，长相甜美，是班里很多男生倾慕的对象。对她印象深刻的原因是，在大学的第一天，她就嚷嚷着自己终于脱离了高考苦海，从此可以放肆地玩了。军训过后，她开始放肆地实施自己的"玩"计划了：熬夜刷剧，通宵打游戏，就是课间的零星时间，她也用来逛淘宝。周日周末也是约上好友去逛街，每周四下午的英语课，她总是想方设法逃避，不是在宿舍睡觉，就是和别班的同学一起在操场上滑雪或打球。第一学期下来，她有三门课不及格，被老师叫去上补习班……可是，接下来的时间，她丝毫没有收敛自己的"玩心"，依然我行我素地放肆玩了四年时间，直到毕业前的一个学期，她因为多门功课不及格而被学校勒令退学……再一次见到张梅是在我们毕业后的第二年，那是在一次同学聚会上，她已经嫁了人，有了孩子，在一家商场的化妆品专卖店做导购。她穿着朴素，化着浓妆，老套世故地向每个同学递名片，并推销她的化妆品。原本水灵的脸蛋亦不见往日的光彩，皮肤松弛，步伐拖沓，身形也走了样……

美国著名心理学家马斯洛有个学说叫"人的需求层次理论"，讲的是人的五个由低到高的需求，分别为：生理需求、安全需求、社交需求、尊重需求、自我实现需求。人在很多时候，极容易陷于最低层的生理需求中无法自拔，也就是说，很多人之所以终生一事无成，是因为他们很容易陷入对低品质生活的迷恋之中，所以，他们目光短浅，自控力和自律性差，为了维持当下的满足感，而不惜做出有违道德甚至有违法律的事情来。比如一个长时间抽烟的人，他们并非是不知道吸烟有损健康，但他们还是控制不住自己要去抽烟，最终因为健康问题而早早地住进医院甚至早早地丧命。再比如一个长期暴饮暴食的肥胖者，医院体检报告中的很多身体指标已经亮了红灯，医生也叮嘱他一定要少食多运动，但他看到美食仍然管不住自己的嘴，总嫌运动太遭罪，于是干脆放弃，最终不得不住进 ICU。生活中类似这样的事例有很多，但它们都告诉我们一个事实：一个不懂得延迟自我满足感的人，是很容易沉迷于低品质的生理生活需求中，最终却需要付出巨大的人生成本来维护自己低劣的天性。

一个人只有摆脱低层次的需求，去追求更高或最高层次的需求，才能成就非凡的人生和事业。比如一个人的需求在第五个层次，即自我实现需求。那么，有了这个追求和高远的目标，他就不会沉迷于下面四个低层次的需求中无法自拔，他会努力地提升自我，不会在意眼前的各种喧嚣，不会为无关紧要的细枝末节投入大量的成本。他的精力被用在正事上，成就事业，获得尊重。他会努力健身、节制饮食，为了保持健康；他也会勤奋修炼内心，获得安全感，会提升情商和个人影响力，以跨越社交需求和尊重需求，从而达到自我实现的需求。这是一种高品质的人生，维护费用很低，即便是遭遇困难，但他目标高远，也不会被这些困难困住。

高品质的人生不意味着富有，但持续性的思维破局与高远的追求，以及延迟自我满足感的生活理念，会让他们摆脱人类低层次金字塔下的消耗性需求，而是将精力用在更有意义的事情上，从而最终实现富有的目标和更为长久的快感。

从这个理论上分析，很多人的人生困局就输在了太急于享受自我满足感，而解决这些困局的根本在于懂得约束自我，懂得延迟自我满足感。

"延迟满足感"是一种强者素质

"延迟满足"并不是单纯地让人学会等待，也不是一味地压制自身的欲望，更不是让人"要想见彩虹必须要经历风雨"鸡汤式的说教，说到底，它是一种克服当前困难情境而力求获得长远利益的一种能力，它是一种面对眼前的种种诱惑，能够为更有价值的长远结果而掌控自己的即时冲动，放弃即时满足感的抉择取向，以及在等待期中展示的一种自我控制能力。从自控力的角度来说，它是一个成年人自我控制的核心成分和最重要的一项技能，也是个人更好地应对现实社会与调节自我情绪的重要成分，更是伴随人终身的一种基本的、积极的人格因素，是一个人从幼稚走向成熟、由依赖走向独立的一种重要标志。

同时，延迟满足感也是一种强者素质。延迟满足感能力强的人，在走上社会更容易发展出较强的社会适应力，较高的工作与学习效率。同时，他们会有极强的自信心，能更好地应对生活中的挫折、压力和困难；在追求自身目标的同时，更能抵制住即时满足的诱惑，而实现长远的、更有价值的目标。拥有这种心理素质的人，会在没有外界监督的情况下，适当地控制、调节自己的行为，抑制自己的冲动，抵制住现实中的各种诱惑，延迟满足、坚持不懈地保证目标实现的一种综合能力，是意志力的具体体现。它是个体自我意识的重要组成部分，是一个人走向成功的重要心理素质。

刘晶是一所小县城中学的一位优秀教师，每个季度都被安排到省里去给其他老师上示范课。对于刘晶来说，起点极低的她，原本只是一个贫困乡村的老师，文化程度也不高。她能有今天的成就，凭的就是她持续性的不断努力以及对每一节课的精益求精。

那是一节古诗课，让人印象深刻的是她制作的精美PPT，以图文并茂的形式，向学生展现了古诗的优美意境，那一节课下来给许多听她课的老师留下了极深的印象。

课下，有的老师曾这样议论道："这位刘老师，对课程真是用心，每次听她的课都能有不一样的收获！""是啊，她对自己的课向来都是以最高标准向学生呈现。"……有人私下里了解到，刘晶每每开始备课，都会力求完美，从课件的制作，到讲解时的用词等，每一个细节都极尽完美。那些精美的课件都是她花了无数个夜晚一页页地精心制作出来的，完美到一张图片应该以何种方式呈现，以及图片里的字体大小、字体颜色都会斟酌到位。这靠的就是她不断地延迟自我满足感和极尽的耐心。

正是她数年如一日地坚持，才让她的课程极受学生的欢迎，每个学期结束时，她所带的班级的成绩都是名列前茅，让人佩服不已。这完全得益于她在平日的工作中，对自己严格要求和不断延迟自己对工作的满意度。

一个延迟满足能力强的人，有一种超乎寻常的耐心，并且这种耐心能让他们静下心来将工作做到极致，甚至极近完美，从而创造出极高的价值。

生活中，一些人之所以一生都能对一件事倾尽全力和精益求精，在于他能不断地延迟自我满足感。他们能不断地通过自我努力，或提升产品的附加价值或成就专业的技术，成为市场竞争中强有力的"不可替代"者，从而获得更大的收益。

一些人沉浸于一件事情中，都需要在漫长的岁月中默默地忍受和耗费心力，难道他们不知道去消遣或者去做更容易做的事情吗？这其实就是延迟满足感的表现。一些人为了保障退休后的生活，将部分收入储蓄起来或者用于投资，这也是延迟满足感的表现；为保持健康的体魄，延长寿命，有的人不抽烟、不酗酒、不暴食并且还能坚持运动，这也需要延迟满足的能力，这些都是强者的素质。

很多时候，在工作或生活中，每个人都会有两个选择：一是放任自己随心所欲；二是严以律己精益求精。前者比后者过得更轻松些，更容易获得即时满足，但最终的结果会告诉你，要想你的人生达到更高的高度，必须选择后者。

你可以选择得过且过，放纵自己：早上可以赖床一小时，晚上毫无节制地熬夜刷剧，读书可以拖一个月，减肥可以拖一年，得过且过的工作态度。可你最终收获的一定是：肥胖的身躯、松弛的皮肤、呆滞的目光、空空如也的大脑、拖沓疲惫的脚步，以及丧失斗志和热情的心志；你也可以延迟自我满足感，严以律己，约束自己：每天听到闹钟准时早起去跑步，每月坚持读一本书并详细做读书笔记，每天在关注健康的情况下控制饮食，对工作精益求精，哪怕一件小事也要做到极尽完美。你最终收获的一定是：健康的体魄、苗条的身躯、充沛的精力、紧致的皮肤、举手投足间呈现出来的涵养、从容不迫的脚步、丰盈的大脑，以及对生活充满激情和热望的斗志。延迟满足，进行自我控制或约束，看似是一件件不起眼的小事，却能成就一个人，也能摧毁一个人。如果说，一个人对工作的态度，决定了其在职场上的高度，而一个人是否拥有自我满足的能力，则决定了他人生的高度。

现实中，有人凭天分逆袭，有人凭先天条件逆袭，如果你什么都没有，那就只能凭延迟自我满足感脱颖而出。蜕变的过程让你难以获是即时满足感，它带给你的也许是暂时的痛苦，但最终会让你收获一个越来越美好的人生。

平庸人生的"造就者"：太急于享受眼前的满足

马斯洛的学说也从另一个方面告诉我们：延迟满足感的本质就是要求人们去克服人性的弱点，而克服弱点，也是为了获得更高层次或高品质的人生。同时，诸多的科学研究也表明，能够从长远打算和推迟个人的满足和享乐，是通往长久幸福生活与高品质人生的必备素质。

现实生活中，我们无论是对事业、工作或者学习，总是想着一下子能获取成功：刚开始创业，总想着一举能拿下千万级的订单，实现一夜暴富的梦想；找第一份工作，就想着立即能获得领导的赏识和重用，一下子晋级管理层；学写作，一开始就恨不得马上能写出点击率超过十万的爆文；有的人学英语，一开始就想"和外国人谈笑风生"；有人学编程，一开始就想着"做出几个亿用户的 App"；孩子刚上学，就想着他能成为无所不能的小天才……然后做着做着，发现这些幻想出来的目标根本难以企及，觉得要达到"这种高度"实在太困难了，还是算了吧，这样开始还未走多远便结束了，于是你的一生就只能在这种"不断尝试和不断放弃"的死循环中平庸下去。实际上，这种"理想丰满，现实骨感"的障碍，就是因为我们太急于享受满足感。

任何成就的获得，都不是一蹴而就的，就像任何一颗种子变成参天大树，都不是一夜之间达成的，它需要积累足够多的能量或汲取足够多的营养之后，才能产生出奇迹！而这势必会不定期地延长人们享受快感的时间，而这段时间又可能恰恰拉开了人与人之间的差距。比如，你要完成一件好的文章作品，你必须要平时去汲取足够多的知识，不断地拓宽你的眼界，然后再提笔几经打磨，多次锻造，有的甚至要推翻重来才能完成。而有的人则太急于享受满足感，写好后便发出去，急于获得他人的认可，最终可能难以看到"属于自己的辉煌"时刻。所以，在生活中，如果一件事你觉得好，不妨再往后延迟一下，这会让你提高标准，从而最终享受属于自己的"高光时刻"。

世界级畅销书系列《哈利·波特》的作者是英国作家 J. K. 罗琳，从刚执笔写作到完成第一部作品足足花了好几年的时间。一次偶然的机会，她在火车上看到一个瘦弱、戴着眼镜的黑发小巫师，从此而获得创作灵感。从此之后，她把自己大把的时间都花费在构思和打磨小说上。为此，她还被炒了鱿鱼，失去了秘书的工作。在一次演讲中，J. K. 罗琳提及了她的经历："我可以说，仅仅在我毕业 7 年后，我经历了一次巨大的失败。我突然间结束了一段短暂的婚姻，失去了工作。作为一个单身妈妈，而且在这个现代化的英国，除了不是无家可归外，你可以说我有多穷就有多穷。"

"受尽了生活的磨难，但在接下来的几年时间里，我仍旧专注于不断地打磨我的小说。在离异之后，我独自带着女儿靠政府的救济居住在爱丁堡的小公寓里。白天打工晚上还要独自一人带小孩。"但在这样的境况下，罗琳仍旧不断地延迟自己身体或精神上的满足感。我们也能够想象她在寒冷的冬季，一边推着婴儿车跑到附近一家咖啡馆边取暖边写作，手头拮据的她只能点一小杯廉价的咖啡，趁女儿睡着时，她会把故事写在小纸片上，并且不停地写了改，改了写。单单写第一部的第一集，她就使用了五年的时间，可以想象，这五年时间的日日夜夜，她的身心遭受了怎样的煎熬和摧残。随后，她竟又花了一年时间才找到合适的出版社。果然《哈利·波特》1997年出版后旋即造成轰动。随后她又出版了一系列的图书，在2004年，罗琳荣登《福布斯》富人排行榜，她的身价达到了10亿美元。经过一系列的生活磨砺和对内心梦想的坚守，罗琳终于迎来了属于她的人生"艳阳天"。

J.K.罗琳最终所取得的成就，无不是她无限期地延迟自我满足感后的结果。为了坚持写作，她不惜顶着生活拮据的压力，而不是想着放弃去找一份糊口的工作，这是延迟了对生存的满足感；为了使自己的作品更完美，她不断地打磨自己的故事，而不是选择草草出版以赢得人们的赞许或夸耀，这是延迟了自我价值的满足感。所以，人与人之间的诸多差距，都是在是否懂得延迟自我满足感而拉开的。

懂得延迟自我满足感的人，能够经受住寂寞和孤独的锤炼，他们能耐得住性子去打磨更好的作品或产品，因为他们目光长远，能够时刻放弃眼前的小利益，去博取未来的人生跃迁。要知道，阶段性的失意或成功对于他们都是无关紧要的事情，因为他们志不在小，他们目光远大！

同一起跑线的年轻人，差距是如何拉开的

派克在《少有人走的路》中曾写道："延迟满足感，意味着不贪图暂时的安逸，就是让你重新设置快乐与痛苦的次序，先去接受痛苦，解决了问题，再享受更大的快乐。"

长期的痛苦与即时的快感相比，人类会更倾向于追求和接纳后

者。于是，我们常会沉浸于刷微博、短视频等即时的快感中，而不愿意多花时间去阅读、去琢磨如何更好地完成工作或去健身，因为在短时间内，它会带给我们痛苦。但是懂得延迟满足感的人来说，他们会先去接纳痛苦的事，然后等待自己一点点地完成蜕变，从而收获更美好和令自己心满意足的人生。所以，从这个角度上讲，懂得延迟自我满足感的人，也更自律。也可以说，一个人想要自律，拥有与众不同的人生，首先要懂得延迟自我满足感。

晓梅是个新媒体行业中的自由职业者，每日以码字为生，至今已经有五个年头了。当初她从外企辞职，立志要做自由职业者时，很多人都觉得她太不理智了。好好的外企主管，工作稳定，赚得又不少，却突然到一个自己所不熟悉的行业中去，着实让人为她的未来担心。但是晓梅也深知离开舒适圈后的各种不确定性，她也为此感到恐慌和焦虑过，但最终迫使她下定决心的是她对写作的热爱。她自小就有想用文字表达自己的强烈愿望，而且上学时期她的作文还得过大奖。后来，因为考虑到未来就业问题便屈从了父母，报考了金融行业。毕业后顺利入职到一家外资银行工作，但晓梅知道，这并不是她想要过的生活。她要离开当下的舒适圈，去寻找自己原来的"文学梦"。后来，她从周围同学那里了解了自媒体行业后，便决定辞掉工作，开始以码字为生。

刚开始的几年，境况确实不太好。但是后来渐渐好了起来，直到如今，她的公众号已经有十几万的粉丝了，获得的收入也让同龄人羡慕不已。

那次，她约着一群朋友一起到郊外游玩。虽然受制于辛劳疲态，但她依然按照在家时的习惯，睡前读半小时的书，并且一一列出第二天要写的文章主题，还有提前修好该放的图片；第二天一大早大家还在睡梦中，她就起身在郊外的公路上坚持跑步，然后回到卧室在电脑前敲出一篇文章来；每天吃的饭菜，绝对定量，绝不暴饮暴食。

周围的朋友劝她说："既然出来玩，何必要继续过那种'苦行僧'式的生活。你为何不让自己放松一下，还非要坚持每天按时按点早起的清苦生活？偶尔偷一下懒，又不出格。"

晓梅说："我能够做自由职业者，并且能将它做得好，主要依靠的是自律。每天保持这样的生活状态，合理安排好时间，充分利用每一分钟时间并不清苦，因为规律的作息时间和日常安排，能让我避免不必要的情绪和其他无关紧要的琐事的消耗。要知道，人都是有惰性的，一旦某个环节松弛下来，很容易就会被诱惑侵蚀，今天因为出来玩就放弃读书，明天也能找到另外的理由推脱，此刻不坚持，下一次，下下次的逃避也会变成自然而然的事……"

一个人之所以有极强的自律性，是因为懂得延迟自我满足感，并懂得先苦后甘带给他们的人生蜕变，能让人生的快乐和愉悦持续得更为持久。

生活中，我们身上的惰性会使我们下意识地去追求立竿见影的效果，但是在日常生活中，要完成一件事情，通常都不是一蹴而就的，而是要经过一段时间的打磨，比如学习、写文章、节食运动保持健康等。而你是否懂得延迟满足感，忍受先苦后甘，可能就是你与他人拉开距差的主要原因。

也许我们身边就有晓梅这样的人，大家都差不多站在同一条起跑线上，就是因为一个怀揣着改变自我的心，不断地在看似"痛苦"的事情上折腾自己，而另一个则过着毫无规划的放肆的生活，仅满足于当下的得过且过的生活，最终他们的人生拉开了不可逾越的距离。很多时候，人与人之间的差距，表面上是看先天条件的差距，实际上是自我约束能力的差距；表面上看是财富的差距，实际上是自我努力程度的差距；表面上看是容貌的差距，实际上是对欲望节制能力的差距；表面上看是心态的差距，实际上是自控力强弱的差距……精英与平庸者之间，隔着的往往是自律力的强弱，而自律力的强弱，又与是否懂得延迟满足感息息相关。

实际上，延迟满足感是从宏观角度把握自己的生活乃至人生，追求更高的目标，更有价值的事情，更有意义的选择。如果你想让你的人生越来越好，不妨往后延迟一下你的满足感，这会让你提高标准，走在上坡的路上，虽然暂时很累，但最终你会拥抱更长久的快乐。而你倘若做不到这些，即时的满足感会拉你走向平庸，你可能会与那些整日花天酒地、纸醉金迷的泛泛之辈同流一气。所以，从这个意义上讲，延迟满足感，是一个人克服走向平庸人生的重力。

在《万万没想到》一书中有这样的描述，讲的是美国有个组织，他们曾经历十余年，采访了政界、商界的无数名人，同时又调查了在校学生的成绩受何种因素影响的。最终得出的结论是：一个人能否实现目标，跟任何性格特征都无关，除了日积月累的自律。

生活中的多数人，都会在开年之初列出将让自己变得更好的"自律单"，但扪心自问，过去的一年，你有没有为自己认真地坚持过一次呢？

持续的好运是一种能力

在一所名校读研的刘旭，每天为写论文忙得不可开交。如今，他的论文还未完成，却意外地收到了一家名企的录用通知，待遇丰厚，着实让其他同学羡慕不已。

很多人都夸赞他的优秀，羡慕他的好运，可都不知道这"好运"背后所潜藏的秘密。用同学的话来说，刘旭是个极为"古板"的人，上大学期间，他没有用过智能手机，跟家人沟通，都用宿舍的公用电话。他这样做，并不是因为家里穷，买不起，而是他想将精力都用对地方，能让自己心无旁骛地追求自己的目标。

大学初期，他极不喜欢自己的专业。当初考大学填报专业完全是听了爸妈的话，可到学校后，他发现自己对所学专业的每门课程都提不起兴趣来。于是，在大三那年，他决定换个专业重新出发。原本喜欢睡懒觉的他，给自己制定了极为严格的作息时间，每天早早地起床去图书馆学习。

原本喜欢热闹的他，推掉了大部分的聚会，每个周末都会泡在自习室里学习十几个小时。最终，他考上了目标院校，而这份强大的自控力也一直陪伴他出色完成学业，顺利找到工作。

一个人拥有持续的"好运"是一种能力，而这种能力除了其对社会或商业规律的深层次洞悉外，还潜藏着他对自身欲望的掌控能力。这里的掌控能力，主要是指看他是否会为了更有价值的长远结果而放弃即时的满足，以及在等待中展示的自我控制能力，这就是延迟满足的能力。一个人只有懂得克制自己眼前的欲望，放弃一时的快感，将自己的注意力放到该持续不断去做的有价值的事情上，才能有所成就。

现实生活中，很多人总是一事无成，就在于将时间用错了地方，他们总是喜欢沉浸于无休无止的能让自己获得即时满足感的事物中无法自拔，将自己想做的事情一推再推。他们总觉得"人生应活在当下及时行乐，因不知道明天和意外哪一个会到来"，所以一味地放纵自己，最终变成自己最讨厌的样子：上班摸鱼，下班打游戏，熬夜刷着各种娱乐新闻和社交网站，没有兴趣和爱好，周末只想躺在家里不想动。放弃了早起、放弃健身、放弃有益的阅读和交际，不肯花时间好好思考自己的人生。终日都是浑浑噩噩、随波逐流、得过且过。也曾经为生活焦虑，但仍找不到奋斗的方向，无意义地耗费生命。

以色列历史学家尤瓦尔·赫拉利所说："有智能手机的人，在某种程度上，都成了它的奴隶。"他从不用手机，住在远离市区的农庄中，每天坚持冥想 2 个小时，把所有的专注力都用在自己的研究工作上。于是，在短短的几年时间内，他便写出了《人类简史》《未来简史》等享誉全球的畅销书。如果一个人被其自身的眼前的欲望所控制住，那么其人生就会畅通无阻地开始走下坡路，毫不费力地被困在极为狭小的空间中，难以看到更为辽阔的天地。而如果你懂得控制自我、能延迟满足感，将脑中残留的一切"短平快"思维清除掉，那就意味着你的人生开始在走上坡路，也许这路足够崎岖陡峭，让你气喘吁吁、筋疲力尽，最终却能让你将世间的美景一览无余。

亚马逊创始人杰夫·贝佐斯曾经说过这样一段话："步入 80 岁高龄时，我不会考虑为何在人生低谷时期放弃了华尔街的优厚待遇，反而会因为没有亲历互联网浪潮而感到后悔。当我思考这个问题时，就不难做出决定了。这个决定就是离开踏实稳定的工作岗位，独立创办世界上最大的网上零售店。当时，很多人都嘲笑我异想天开，居然放弃高薪和体面，去挑战一件不可能完成的事情。"但是拥有长线思维的他，能够延迟那种高薪和体面带给自己的满足感，勇于去挑战和开创人生新的可能性，终于在他默默地耕耘多年后，收获了事业上的巨大成功。

一个人在行事方面拥有长线思维，愿意为未来的结果而延迟当下的满足，为更好的发展而沉下心来积累，才能享受到长期的收益。思维越是"短平快"，失落感也就越强：因为时间太短，难以让人逮到机会点。而足够长远的思维，会让我们活得足够淡然和轻快，不会因为当天未得到的回报而耿耿于怀，更不会因为一时的得失而唏嘘不已。同时，这种长远的眼光和格局，还能够让我们耐下性子不断地打磨自己，进而把握住真正的机会所带来的"福运"。

你所沉溺的"即时满足感"正在消耗你的热情

科学研究发现，人类的大脑可分为三个区域：爬行脑、情绪脑和理性脑。爬行脑控制人的欲望和本能，情绪脑则控制人的情感与记忆，而理智脑则控制人的思维和语言。大脑是不断进化的，但整体上极难优化。而新的进化不会让旧功能区有显著的改进，这也是现代人，在权衡"即时满足"和"延迟满足"时，仍然喜欢做原始人的选择：目

17

光短浅、缺乏目标。比如人在理性的思考状态下，深知阅读、学习比刷微博、短视频更有意义，实际上人们则更倾向于后者。因为刷微博或短视频的行为能够得到即时满足，它是简单的，让人愉悦的，所以，人们容易沉溺其中无法自拔。所以，生活中我们可以看到诸多的带给人"即时满足感"的东西，比如搜索引擎，键盘轻轻一敲，便能够很快地获得各类的信息。手游网游，便用虚拟的道具，满足大脑幻想的欲望；花呗借呗，享受提前消费，陷入以货还货的财务困局中无法自拔。相反，阅读和学习很难马上见效，但它对人的影响是缓慢和长远的。

短暂的"即时满足感"，对人们具有难以抵挡的诱惑力，但是那种短暂的欢愉实际上是一种变相的沉沦，它带给人的是对时间把控力的丧失，思维的迟钝、身体的疲惫和对生活激情的丧失。

在一次远行的高铁上发现一个好玩的现象：无论男女老少，都在玩手机。有的在玩游戏，有的在刷娱乐性的 App，一个个都是边玩边笑，还时不时地拿给旁边的人看，逗得对方哈哈大笑。旅途无聊，找点娱乐来打发时间也无可厚非，但这也让我想起了表弟。表弟今年刚毕业，特别喜欢玩手机，刷娱乐性的视频，只要一有时间就刷，上班的时候偷偷刷，下班的时候也躺在床上刷，聚会的时候也是边喝酒边刷……有人问他，怎么那么喜欢刷手机。他说，生活压力太大了，只有手机能让人开心。沉溺于手机娱乐视频后，表弟确实是快乐了，总能看见他咧个嘴傻笑，但他最近把工作给"刷"没了。

因为上班时间悄悄玩手机，被老板逮了个正着，就直接把他裁了。结果表弟不但没将手机戒掉，反而玩得更厉害了，有好几次都是刷通宵。女朋友劝他也不听，还数落对方不够理解他，说自己只是缓解压力罢了，女友最终还是跟他分了手……就这样，表弟用手机"刷"掉了工作，"刷"走了女友。

近来，他很沮丧地找到我，向我倾诉他内心的郁闷，说道："这段时间，过得真是痛苦！"我笑笑说："看你整天拿着手机刷得挺嗨呀！"他却苦笑着说："那种短暂的快乐真的可以麻醉人的神经，看似当时很高兴，可过后当你关掉手机走入现实中时，却感到无比的孤寂、无助和痛苦……你知道吗，我现在已经变成了我曾经最鄙视的那种人，距离刚毕业时那个朝气蓬勃的少年越来越远……我的生活变成了简单的两点一线，自己在虚假的满足感中丧失了向上的动力。"

现实中很多年轻人都可能有过类似于表弟的经历，开始沉溺于个人短暂的"即时满足感"中，不愿意再费劲地提升自己。它的最可怕之处，就是让你在获得短暂的快乐的同时，在你不知不觉中偷走你的时间，消磨你的意志力，摧毁你向上的勇气，更可怕的是消耗掉你对生活的热望和激情。比如刷刷娱乐 App，几个小时过去竟然会浑然不觉；打打游戏，一不小心都会打到通宵。玩的时候虽然很爽，但是一旦结束，你的快乐便会烟消云散，不仅没有任何的收获，还浪费了大把的时间和精力。我们身边也不乏这样的例子，有的人总是埋怨工作不好、挣钱太少，回到家却依然不能做深入思考。日复一日，只长年纪，不长见识，不仅与升职加薪无缘，还随时面临被裁员的风险……一个人追求快乐没有错，但是要看这种快乐对你的长远发展是否有利。

一位社会学家指出，人沉溺于"即时满足感"的可怕之处，就在于当人们习惯了这种快速易得的方式去获得"快乐"，就会逐渐失去探索未知的好奇，失去学习的耐心，失去独立思考的能力，更会对快乐麻木，最终变成一个觉得什么都没劲的人，最终对生活丧失渴求和激情。要知道，人一旦在"即时满足感"中沉溺久了，习惯了这种唾手可得的愉悦方式后，你就会不愿意再花时间去做那些"高投入"的事情了。比如宁愿花两个小时刷微博、玩游戏，也没有耐心去看一本书；情愿熬夜看剧，也不愿意费力地去运动健身。久而久之，也就失去了向上的动力和对生活的激情。

要知道，人是有惰性的，一旦某个环节松弛下来，很容易被垃圾快乐侵蚀，今日不想读书，明天也能找到其他的理由偷懒，此刻不坚持，下次，下下次的逃避也会变成自然而然的事。

生活是在哪一刻失去平衡的，是你对自己的时间失去控制的时候。这种短暂的垃圾快乐，使你无法在规定的时间内有效地完成工作。本来用于陪爱人的时间，你却把时间花在了"刷"手机上，致使爱情亮红灯……当生活节奏失去控制的时候，你对自己的人生也就失去了把控力。长此以往，负能量也会如期而至。

对此，美国社会学家芭芭拉曾指出，不同层次的人有不同表现：层次越低的人，越是喜欢用消耗的方式去追求快乐，比如酗酒、赌博、刷剧、打游戏等；层次越高的人，越是喜欢用补充性的方式创造快乐，比如读书、学习、运动、艺术创作等。

英国BBC纪录片《56ups》，花了五十六年的跟拍，得出了一个很残酷的结论——精英的孩子会成为精英，底层的孩子依旧在底层。除非底层的孩子能跟精英的孩子一样，从小都以读书、学习为快乐，而不是在不断浪费时间和精力。其实，很多时候垃圾快乐就像快餐，简单好吃，长期吃下去却会拖垮你的身体；当你在浅层次的快乐中，挥霍你的生命，你最终拥有的只是短暂的热闹，和长久的空虚；而高质量的快乐就像绿色食品，不一定美味，却能带给你真正的营养，帮助你更快地成长。当你将生命融入深层次的快乐中，比如读书、旅行、运动等，虽然暂时不快，但它却能为你的生命充电，拥抱最终可持久的幸福和快乐。

延迟自我满足感，是精神上的自律

斯科特·派克在《少有人走的路》中讲道，解决人生问题的首要方案，乃是自律。所谓自律，是以积极而主动的态度，去解决人生痛苦的重要原则。而自律，则意味着不贪图暂时的安逸，重新设置人生快乐与痛苦的次序：首先，面对问题并感受痛苦；然后，解决问题的过程中并享受更大的快乐，这是唯一可行的生活方式。实际上，先感受痛苦，然后再解决问题并享受快乐，讲的就是延迟满足感。从这个意义上讲，延迟满足感是做到自律的首要条件。根据派克的观点，延迟满足感，就是在你小有成就的时候，将你的满足和喜悦向后延伸，给自己留足打磨困难的时间以及充分的思考空间，这是一种精神上的自我克制。

2018 年对于俞莉来说是不平凡的一年，用她的话说是她自己心灵重建的重要一年。俞莉是个极为普通的女生，成绩平平相貌平平，丢在人堆儿里根本不起眼的那种。她习惯了做中等生，但心中却藏着不满，觉得那些受老师待见的成绩好的学生，都是因为家境好和命好，因为他们都有大把的时间去上补习班。

在一所普通大学毕业后，俞莉待在了体制内，沉闷的工作环境与她的性格极为应景。于是，她每天都是麻木地应付生活，她早已经习惯了与闺密喋喋不休地抱怨对生活的各种不满，习惯了下班后窝在沙发里吃垃圾食品、看无聊的电视节目，习惯了整天抱着手机，刷微博、刷朋友圈，将各种短视频中的内容看了一遍又一遍。懒惰的气场慢慢地吞噬着她的内心，使她变得心胸狭窄，越来越自卑、软弱和敏感，对人生也越来越怀疑，对未来也越来越懈怠。

有一天，她早上起来穿着睡衣看着镜子中的自己，着实吓了一跳：凌乱的头发、满脸出油的皮肤，脸上布满了莫名的愁容和不高兴，水桶腰和粗大腿被裹在皱乱不堪的睡衣中，还未到三十岁的她显得自己像个近五十的老太太。就在那一刻，她真的开始讨厌自己。也就是在那一天，她开始试着改变。可是一年时间，她从未在一件事情上坚持超过两周。她想考研，于是便成套成套地买书，可拿起一本断断续续地翻了不到三分之一便束之高阁；她想着以后一定要对孩子有耐心，可晚上给孩子读了三个故事便想着去刷微博逛淘宝；她说她想减肥，下了很多运动类的App，每次都是跟着练了一次，之后再也没有下文。那时的她觉得人能活得舒服，干吗要给自己找罪受，去约束自己。在她的观念里，努力改变自己是没错的，但也要适可而止，她不想把自己搞得那么累，于是，她口中的每一个借口和每一寸赘肉都是她向生活妥协的标志。

有一次，俞莉在书上看到这样一句话：有人说成年后有两种人，一种是成熟，一种是老。而未到三十岁的她已经成为后者：怨天尤人、唉声叹气、苦大仇深。那时的她渐渐地开始意识到自己所有的生活方式虽然算不上是恶习，但绝不是好习惯，而她的相当一部分不快乐来源于这些不良习惯带来的心灵空虚。而真正能让人变好的选择都不会太舒服，懒惰和空虚只会让她的生活在不受控的情况下走下坡路。真正刺痛她的是有一天，她让女儿关掉电视去写作业，而女儿便转头怒气冲冲地对她讲：你都不能做到，凭什么要求我？那一刻，俞莉无言以对，那也促使她真正地开始改变。

在 2018 年的元旦，俞莉拿起笔在纸上写下了新年愿望：坚持运动瘦到 100 斤，考上研究生、读完 100 本书。也就是自那一天开始，她开始真正地做到自律了。她的个人意识渐强，意志力也变强了。她开始坚持跑步、列计划、早起、读书、独处和感恩。这些习惯使她的生活不再凌乱，情绪不再失控，心灵不再空虚。也就是从这些改变中，她体会到了延迟自我满足感带给她的人生意义。

在 2018 年的元旦她开始跑步，一直坚持到如今，她几乎未曾间断过，她还参加了人生第一次马拉松比赛。每天早上起来先完成最少 5 公里跑步，春秋在小区楼下或公园，夏冬就去健身房，她通常会选择早上或晚上跑，因为这段时间不会被琐事打扰到，不会被周围的事物扰乱计划。

跑步是个极为痛苦的过程，有几个关键的坎儿让她难受极了。她是极了解自己的，只要停下一次就再也难以坚持下去，这种逼迫的方式却给她带来了彻头彻尾的改变。她不再抵触，反而爱上了这种整日与懒惰做斗争的快感，享受一次次超越自己的过程，她也终于明白：自己的态度决定了自己的生活质量。

直到后来跑步已经成为她的一种解压方式了，她不再逢人就倾吐自己内心的不快，而是对自己说：不开心就去跑步吧，大汗淋漓过后身体累了心也就安静了。除此之外，她还坚持每周游泳一次，每天抽空做五组平板支撑，长期坚持要靠内在动力而非外在的压力，其实就是自我意识。一个人也只有自我意识足够强烈才能持续性坚持下去。跑步让她的自控力开始变强，她后来人生的诸多转折点都源于跑步给她带来的自信心，因为她体会到了掌控生活的感觉，一切都向着更好的方向发展了。

另外，俞莉也开始学着列计划。她给自己准备了一本手账，目标就是满满当当记一本，不辜负这一年当中的每一天当中的每一页，保留生活的痕迹与回忆。她将自己的生活计划分为五年目标、一年计划、月计划以及日计划，长期目标比如有克服畏难情绪、善始善终、减少闲聊、保持微笑等。

年计划包括跑步 1000 公里，读完 100 本书，考与工作相关的资格证。每月来临前她都会列出每个月的计划指标，要将要读的书月初都买好，需要复习的题提前勾画后，月底在日记中进行总结，同时再进行下个月的计划安排。每周都会抽时间读两本书，然后将计划分割到每天。提前列计划的效果就是减轻内心的杂乱与不安，当看到一项项被罗列出来的事物被勾画掉，内心别提有多满足了，心里清爽情绪自然会不错，执行起计划来自然也不会有任何的负担了。

另外，她还坚持早起。一年有三百六十五天，每天早起一个半小时，她就拥有了五百多个小时的时间。夏天她通常在六点左右就起床，而冬天则是在六点半，晚上一般十一点半入睡。虽然一天睡眠时间仅有六个多小时，但因为坚持运动的原因，睡眠质量超好，都能一觉睡到大天亮。对于俞莉这个年轻妈妈来说，在早上能拥有自己的时间是件极珍贵的事情。早晨起来，她通常会运动，会将每天必看的复习题安排在这段时间，因为早晨很安静思路也清晰，读书学习的效率会很高，学完该学的内容好像完成了一件大事一般，出门干什么事情都觉得一身的轻松。她能在一年时间顺利考下与工作相关的资格证书，与她早上坚持学习是分不开的。

另外，她还坚持独处，有时间也不怎么约同事或闺密一起相互闲聊了，而是选择到一个安静的地方拿上书本去阅读，并且还写读书笔记，坚持写日记，正是这个过程让她更了解自己，享受一个人的状态。

另外，她也开始学着去感恩。之前她是一个爱抱怨的人，觉得有事不吐不快，憋在心里会令自己难受。可后来自坚持跑步后，她开始自省，觉得抱怨根本解决不了问题，只会一次次地强化顽固性思维，将本来的小事演化成大事，最终陷入全世界都亏欠自己的怪圈。她觉得之前自己都将时光用于去嫉妒、难过、怨天尤人上了，鸡毛蒜皮的小事消耗了自己太多的时光，她要开始努力改变。她试着站在对方的角度考虑问题，抱着一颗感恩的心感谢那些帮助和爱护自己的每一个人，在这一过程中，她开始变得坚韧、独立、强大，内心开始变得慈悲，对女儿和父母都比之前更有耐心了。

到如今，俞莉曾总结道：一系列的延迟满足感式的改变，让自己开始变得丰富成熟了，人开始从之前的得过且过、麻木、自私、僵化和世故中剥离。她的眉间开始传递出淡定、从容的表情，人也变瘦变精神了许多，内心满满的幸福感。这可能就是成长的能力，也是坚持和积累的重要性吧！

对于个人来说，不加节制地放纵固然能一下子满足自己空洞的内心，长期下来也只能在个人短期欲望的边缘不断地徘徊，触摸不到更遥远的地方。而延迟自我满足感，能让你重拾信心和对生活的激情，让你摆脱对人生或工作有心无力的失控感，实现对人生的全面掌控，让自己长时间保持收放自如的状态，拥有可持续的信心与能力去应对生活的各种挑战与变化。

　　有人说，人生之路，可分为两类：宽门和窄门。宽门，就是简单的模式，进去的时候很容易，但是道路越走越逼仄、越晦暗；而窄门，就是硬核模式，进去的时候很艰难，但是道路越走越宽敞、越明亮。在个人不了解的情况下，对于这两条路，多数人都会选择前者，但聪明的人都会选择后者。往往容易过去的路，过去后就是障碍；而靠着自己的力量艰难度过后的路，过去之后就是平坦道路。聪明的人明白，一旦先走了容易走的那条路，就败给了自己的欲望，在自律的路上越来越远，难以回头。说到底，他们具备延迟满足的能力，选择先度过硬的这关，在明明可以即时满足的情况下，还是想进行一番努力，为日后获得更长久的幸福和快乐铺平道路。

判断一个人心智是否成熟的重要标志

　　是否懂得延迟自我满足感，是判断一个人心智是否成熟的重要标志，也是一种极为重要的能力。我们知道，判断一个人心智是否成熟，主要看其对自身欲望的把控能力。一个小孩因为心智发育不够成熟，所以对自我欲望的掌控力就很低，所以会做出许多让成年人看起来极幼稚的行为，比如他只要感到饥饿或口渴，就会马上向大人要吃的或喝的；比如看到别的小伙伴的玩具好玩，他会去抢或者马上向家长要……从人性的角度来看，小孩之所以有如此幼稚的行为，是因为其在追求即时满足感。可在现实生活中，有些大人虽然不会做出如小孩那般幼稚的行为，却会做出"追求即时满足感"的一些行为。比如很多人明明知道某样东西，对自己的健康能产生不良的影响，但还是会吃大量的垃圾食品；明明知道酒驾开车是有危险的，但仍旧会抱着侥幸心理；他们明明知道要健康地减肥，必须要通过节食和运动，但还是会抱着试试的态度去相信一些减肥广告，吞下大量的减肥药，损害健康；明明知道，获得任何一项技能都不可能是一蹴而就的，但仍会去报各种速成培训班……一个追求即时满足感的人，认知能力是低下的，心力和智力都未达到成熟的标准。所以说，懂得延迟自我满足感，对一个人来说是一种极为重要的能力，需要在现实的不断挣扎磨炼中才会获得。在现实中，也只有少数人拥有这种能力，也因此他们的人生才会显得与众不同。

生活中，我们每个人似乎都有类似于这样的体验：周围一个牛人，觉得他好像也不比自己强在哪儿，就是比绝大多数人更有耐心，不急于要回报，认准一件事就是傻傻地坚持做着。事实上，大多数牛人前进的路上根本没有什么聪明的绝招和讨巧的技巧，有的就是这些极为朴素的理念，但就是这些朴素的理念却常常被世人所忽视。我们千万不要小瞧耐心的力量，一个富有耐心的人，不会在乎一城一池的得失，他们的个人目标更为远大，不会为眼前的利益所动。他们可能会不动声色地承受更多的打击和挫折，能够轻松坦然地面对人生的各种苦难，也能够抵制各种诱惑。所以他们总能活得很从容，他们有自己的目标，会按着自己的步子一步一步地向目标挺进。而一个缺乏耐心的人，总是心急火燎的，总是想赚快钱，所以总是爱钻营一些技巧或绝绍类的门道，就为了及时获得回报。所以，他们越是想赚快钱，越是心急，越难以赚到钱，然后人生进入一个死循环，永远难以获得财富。

同时，一个不懂得或不愿意延迟自我满足感的人，解决生活或工作难题的能力也是极为低下的。面对难题，他们的表现可能是：

1. 面对那些让人头昏脑涨的难题，他们只想尽快地脱身，以尽快地缩短自己与问题接触的时间，而不愿意花足够多的时间来应对这种不舒服的感觉，不愿意让自己冷静下来理智地去分析问题。

2. 与此相比，还有一个更具有破坏性的态度，那就是他们总是希望问题能够自行消失。但问题是不会消失的，它仍然继续存在，仍然妨碍着人心灵的成长和心智的成熟。

3. 当他们回避的难题再一次袭击自己的生活时，他们会处于痛苦中。他们为了再一次避开这些痛苦，就开始力图把责任推给别人或者组织。所以，他们的人生总被抱怨、责怪等负面情绪充斥。因为他们无法解决问题，所以他们的命运也经常会被他人所左右。为了避开责任所带来的痛苦，他们只会甘愿放弃自己，从而收获的是被动和被痛苦不断"挟持"的人生。

柳茵是个极聪明的女性，她名校毕业，在怀孕生子之前，曾是一家外企的行政职员。后来与老公结婚后，很快有了孩子，她留在家里成为一名全职母亲。最近，柳茵陷入了极度的焦虑之中，因为七岁的儿子太过调皮，根本不听她的话，她经常拿出家长的权威来恐吓孩子，但孩子似乎根本听不进去。比如今天晚饭后，爸爸带着孩子下去玩耍回来已经七点多钟了，接下来是孩子要做作业的时间，但他却始终在客厅玩玩具，丝毫不愿意去完成作业。柳茵做好家务后，便一次次地催促孩子，但孩子仍旧不听。于是，她便加大了声音，向孩子怒吼，最终孩子被她的恐吓吓得哇哇大哭。爸爸听见了，觉得她教育孩子的方式不对，便开始与她争辩，最终夫妻两人又开始为此争吵……很长一段时间，她的家庭都陷入这样的恶性循环中，她感到很困惑，不知如何是好！

现实中，很多家长都有类似于柳茵的烦恼，他们可能充满爱心，一心想成为一个好母亲好父亲，但在具体的实施过程中，却始终管不好自己的孩子。孩子会出现不听话的情况，她们很快便能察觉到。面对此种情况，多数父母都会根据自己大脑的即兴反应，随意动用家长的权威，比如强迫孩子去完成作业，尽早上床睡觉等。尽管收效甚微，但她却极少去考虑用怎样的方法才能解决问题。她们只会向周围的人求助："我拿孩子实在一点办法没有，究竟该如何去做呢？"这些女士头脑都足够聪明，有的甚至受过极高的教育，但是在解决家庭矛盾上，她们却明显感到能力不足。

实际上，这里问题的关键就出在她在对时间的利用上面。家庭问题让她头昏脑涨，她只是想尽快地脱身，尽快地缩短自己与问题接触的时间，而不愿意花时间来应对这种不舒服的感觉，不愿意冷静地分析问题。虽然让孩子听话、懂事能为她带来满足感，但她却根本不懂得推迟这种满足感，哪怕是一两分钟也不行，最终她没有从问题中积累起任何有效的经验，其亲子关系便陷入了长期的混乱状态中。

实际上，当问题降临，一个心智成熟者的做法是：尽可能早地去面对问题，尽管这些问题能为他们带来这样或那样的痛苦。尽早地直面这些痛苦，也意味着将自我满足感往后推迟，放弃暂时的安逸或者程度较轻的痛苦，去体验程度较大的痛苦，这才是对待问题最明智的方法。因为他们知道，现在承受痛苦，让自己在冷静中去分析问题，进而去积极地解决问题，以让自己接下来获得更大的满足感。从这个角度上讲，一个心力和智力足够成熟者，是一个积极的、愿意主动承担责任的人。遇到任何问题，都不回避，而是寻求积极的解决方案，这样的人能够担负起自己人生的责任，也能经营起自己的事业与爱情，于是，他们的一生也是充满幸福与快乐的一生。

所谓九尺之台，起于垒土；合抱之木，起于毫末。当生活难题源源不断地向我们袭来，是选择逃避还是积极面对、主动承担，都是个人的小小选择。正是这样的一点一滴的小选择，渐渐地积累，决定了你是事业有成、家庭幸福的正常人，还是一个"一事无成、生活不幸"的巨婴。你固然可以暂时把该负的人生责任以及所需要面对的人生困难回避过去，但是等到明天那些该解决的难题会自行消失吗？等到老年将死之时，难道你还能去责怪别人吗？

"时间视野"决定人与人之间的经济差异

一个懂得延迟满足感的人，是应拥有大格局、大视野的。他们富有耐心，即重视时间为自己带来的报酬，所以他们人品贵重，不投机取巧，不急功近利，在对待个人的事业是如此，对待自己的财富亦是如此。

人与人之间的经济差距究竟是如何拉开的？一个人是否拥有"时间视野"是关键因素。当然，这是有事实基础的。

哈佛大学的爱德华博士，他用差不多半个世纪的时间，一直在研究为什么有的个人或家庭能够从较低的社会阶层上升到较高的社会阶层，通过一代又一代人的努力。有的人甚至是从最低级的劳动者的阶层，通过一代人的努力便上升到富裕阶层，为何这种事情只发生在少数人的身上，而不是大多数人的身上呢。

在 2015 年的统计中，有人统计美国共有 1000 万个百万富翁，甚至有很多都是白手起家。他们在一辈子的劳作中，一跃成为美国的富裕阶层。爱德华博士对此非常好奇，他通过追踪调查发现，这些人的共同特点是什么？最终，通过大量的数据研究得出了一个极为普通的、不可辩驳的结论就是：一个人的时间视野是实现一个人阶层跃迁的最直接的一个原因。他将整个社会从低到高分为七个阶层，结果他发现，越是上层阶层，其时间视野便会越宽阔。也就是说，经济阶层越高的人，他越会用长期的思维方式来做决策或判断。不管他们来自哪里，有着怎样的教育水平，或者当前的社会地位是怎样的，在所有的各种条件中，个人"时间视野"的不同，造成了人与人财富的差异。而这正应了那句老话，即"钱不入急门"，也就是说，越是你心急火燎地想赚"快钱"的人，也就是"短视"的人，实际上越是赚不到钱。

爱德华通过研究发现，一个人的时间视野和他的收入有着巨大的关联。最低的社会阶层，他们的时间视野通常有几分钟或者几个小时，他们过度地追求即时满足感，得过且过。比如喝得酩酊大醉的时候，他们考虑的只是接下来的一次喝酒的事。他不会考虑再过长远的事情了。而较高社会经济阶层的人，他们的时间视野会有几年或几十年或几代人，大量的事实证明，成功人士都具有延迟自我满足感的品质，他们经常考虑的是未来。正如管理学大师德鲁克所说，一个领导者，尤其是商业领导者，最重要的事情就是思考未来。并且，在任何社会，他们都会考虑到未来几年或者几十年的发展展望。

比如巴菲特是一位投资大师，他经常做的就是长期思考。身为投资界精英的他，他经常想的就是未来几年或者几十年的事，想的是长期的收入。而现实中的许多股民，多数追求的是即时满足感，他们只想着赚快钱，包括很多人在选择投资项目的时候，总是忍受不了短时期投入得不到回报的事情。所以说，这些人总是会掉进一个又一个坑里。

巴比伦金钱定律源于这样一个故事：

巴比伦出土的陶砖土中记载着这样一个故事：阿卡德是古巴比伦时期最有钱的人，他的富有让很多人都羡慕不已，因此纷纷前来向他请教致富之道。

阿卡德原来是在担任雕刻陶砖的工作，直到有一天，有一位有钱人欧格尼斯来向他订购一块刻有法律条文的陶砖，阿卡德说，他愿意连夜雕刻，到天亮时就可以完成，但是唯一的条件是欧格尼斯要告诉他致富的秘诀。

欧格尼斯同意这个条件，因此到天亮时，阿卡德便完成了陶砖的雕刻工作，欧格尼斯实践了他的诺言，他告诉阿卡德说："致富的秘诀是：你赚的钱中有一部分要存下来。财富就像是树一样，从一粒微小的种子开始，第一笔你存下来的钱就是你财富成长的种子，不管你赚的多么少，你一定要存下十分之一。"一年后，当欧格尼斯再来的时候，他问阿卡德是否有照他的话去做，把赚来的钱省下十分之一。阿卡德极为骄傲地回答道，他确实照他的方法去做了，欧格尼斯就问："那存下来的钱，你如何使用呢？"

阿卡德说："我把它给了砖匠阿卢玛，因为他要旅行到远地买回菲利人稀有的珠宝，当他回来的时候，我们将把这些珠宝卖很高的价格，然后平分这些钱。"

欧格尼斯责骂他说："只有智力有问题的人才会这么做，为什么买珠宝要信任砖匠的话呢？"

"你的存款已经泡汤了！年轻人，你把财富的树连根都拔掉了，下次你买珠宝应该去请珠宝商，买羊毛去请教羊毛商，别和外行人做生意！"

就如同欧格尼斯所说，砖匠阿卢玛被菲利人骗了，买回来的是不值钱的玻璃，它们只是看起来像珠宝而已。阿卡德再次下定决心存下所赚的钱的十分之一，当第二年，欧格尼斯再来的时候，他又询问阿卡德钱存得如何？

阿卡德回答："我把存下来的钱借给了铁匠去买青铜原料，然后他每四个月付我一次租金。"欧格尼斯说："很好，那么你如何使用赚来的租金呢？"阿卡德说："我把赚来的租金拿来吃一顿丰富大餐，并买一件漂亮的衣服，我还计划买一头驴子来骑。"

欧格尼斯笑了，他说："你把存下的钱所衍生的孳息吃掉了，你如何期望它们以及它们的子孙能再为你工作，赚更多的钱？当你赚到足够的财富时，你才能尽情享用而无后顾之忧。"

又过了两年，欧格尼斯问阿卡德："你是否达到梦想中的财富？"

阿卡德说："还没有，但是我已存下了一些钱，然后钱滚钱，钱又滚钱。"

阿格尼斯又问："那你是否还向砖匠请教事情？"

阿卡德说："有关造砖的工作请教他们能得到很好的建议。"

欧格尼斯说："你已学会了致富的秘诀。首先你学会了从赚来的钱中省下钱，其次你学会了向内行的人请教意见，最后你学会了如何让钱为你工作，使钱赚钱。你已学会如何获得财富、保持财富、运用财富。"

早在八千年前的古巴比伦人就指出：成功的人都是善于管理、维护、运用金钱创造财富。致富之道在于听取专业的意见，并且终生奉行不渝。

巴比伦金钱定律，对当下的我们也具有十分重要的指导意义。做投资首先需要有本金，所以你首先就得懂得延迟自我满足感，学会强制自己定期存钱，而不是钱一到手就马上花掉。就像古巴比伦人给出的建议是，每个月留下收入的十分之一，这对很多人来说都不是难事。另外，要积累财富，一定要有"时间视野"，因为金钱是有时间报酬的，所以，长期投资才是真正可靠的理财之道。投资不可以贪图暴利，须懂得延迟自我满足感，因为贪婪是理财的大忌。

事实上，一个人要想实现财务自由，一定要懂得延迟自我满足感，要通过长期的观点来思考，因为一个人用长远的目标来思考的时候，就能够改变当前的思考和行动的方式。更为重要的是，他能够改变人们的选择。

做真实的自己，不如做更好的自己

人类文明的发展史，实际上就是不断延迟满足感的发展史。在远古时期，人们处于采集时代，那时候人饿了就摘水果吃，渴了就喝水，完全过着"即时满足感"的生活，所以大家每天都过得很开心。但是这种单一的生活模式，一旦遭受到天灾或人祸的侵袭就会陷入无依无靠、缺吃少穿的窘迫状态。那时候的社会文明发展程度极低，缺乏补偿机制，人们完全靠天吃饭，很容易遭受丧命甚至灭族性的灾难。

到后来，随着社会的发展，聪明的人们都开始学会延迟满足感，他们春天播种，夏天除草、灭虫，然后秋天收获，我们在这个过程中，还要学会灌溉、防水灾等一系列的工作程序。我们一年四季都在延迟满足感。同时，我们还要守着这一方土地，冒着流血和牺牲的风险，要与那些入侵者、那些想侵吞我们劳动果实的人进行斗争。我们一边在压抑着自己的天性，一边也促使着在心理上慢慢地走向成熟，社会也慢慢地向文明迈进。所以，人类的发展历史就是慢慢地学会控制自身的冲动本能。如果我们完全释放这种天性，不加以控制，我们便与动物毫无区别。所以，我们的心智越是成熟，就越是懂得延迟满足。我们很多时候在压抑自我本性，能够控制自身急于被满足的欲望时，那就说明你开始变得成熟了，开始变成更好的自己了。

生活中，我们常说"要做真实的自己"，若这个"真实的自己"是充满懒惰、自私和狭隘的。而这些不好的品性，有可能会让我们一生都庸庸碌碌、无所作为，在空虚和寂寞中潦倒度日。与其如此，不如让自己拥有更高的生命质量，那就从学会延迟自我满足感开始。

柳强从一所不错的大学毕业，学计算机的他在大学期间就读了乔布斯、马云、马化腾等科技大佬的创业史，所以总是幻想着自己可以从极低的起点开始做起，终有一天也能成就一番事业。

为此，他毕业后有大半年时间都在打算创业。他是做软件开发，打算给手机做 App。半夜凌晨，有多少次都是对着窗外的万家灯火给自己灌鸡汤：诸多名人也是这样苦熬过来的。吃得苦中苦，方为人上人。他想的是总能看到希望的，或许可以由此翻身，成就一番事业。

在无数次地修改自己的创业计划后，他便开始对自己的计划生出诸多的绝望来。他安慰自己说，算了，以自己现在的水平，到一家不错的公司找份不错的工作，几年后便能付个首付，然后还个房贷，日子也是可以过得不那么艰难的，还创什么业？这创业无疑就是在给自己添堵。

于是，他顺利地被一家互联网公司聘用，开始了朝九晚五的日子，卧室里的灯，再没遇到过凌晨三点的星光。

后来，柳强又开始美慕那些敲文字的自由撰稿人。每天可以不用去上班，在家敲敲文字也可以赚不少钱。再加上他文笔也不错，于是，他便毅然辞掉了工作，开始敲文字，做自媒体工作者。可几个月过去了，却没有多少收入。为了缓解经济压力，他被一个朋友叫去做兼职平面模特，因为他生得好，长得又俊朗，一场活动下来，赚了不少的钱。他想，这个行业来钱可真快。

至此，他觉得人活着就应该做自己，不断地去尝试新的事物。于是，他又萌发了做模特的梦想，他觉得反正自己现在还年轻，这一条路说不定能让自己名利双收。于是，他开始转战演艺圈。但最终，他的愿望再次落空了，因为缺乏门路，他的生活再一次陷入窘境之中。

于是，柳强又一次回到了电脑前，敲代码。

自此之后，他开始变得苦恼、焦虑和烦躁，总觉得天不遂人愿，说什么金子总是会发光的，而他的光芒被掩盖在满屏的代码后面，无人识得。就这样，在26岁的时候，他觉得自己的前途一片迷茫，他不知道自己将来要成为怎样的一个人。

年轻的时候，我们总觉得，人生就应该"做自己"，做自己想做的事，尝试更新鲜的事与物！这本身没错，但是在做之前，最重要的就是正确地评估自己的能力，看清楚哪条路真的适合自己。否则，很容易让自己陷入迷茫的状态。与其如此，不如在刚开始起步的时候，就该摸清自己的兴趣和爱好所在，然后锁定一个行业，在延迟满足感中深耕，最终成为最好的自己。

实际上，一个人成功的捷径没有别的，一是方向正确，二是在时间中不断地沉淀自己，精进自己，这是亘古不变的法则。所以说，静默期是每个人跃迁的极限，在你未达到之前是看不出变化的。而当那一天来临，你会觉察到自己的突变。学好一门外语的静默期可能是几个月，也可能是几年，因人而异；稻谷成熟的静默期是半年，鸡蛋孵出小鸡的静默期是 21 天。凡事都有它的规律，在此之前，你需要做的就是耐下心，延迟满足。就像我们既然埋下了一粒种子，就要细心地去灌溉，然后静等花开。

别在"赌徒困局"中越陷越深

一个人若长时间沉溺于"即时满足感"中会毁掉其前途，而一个企业若沉溺于"即时满足感"中同样也难以有好的出路。

同炬商模创始人张华光老师曾在课堂上讲过这样一段话：现在很多中小微企业处于困境中，主要是不懂得"延迟自我满足感"，它们似乎陷入了一种叫作"赌徒困局"中，无法自拔。所谓的"赌徒困局"，是指每个企业者似乎都是一个个的"赌徒"一般，在市场中最大化地利用规则，做出最佳选择。但因为他们缺少理性的思考，往往只顾及眼前的利益最大化，不断加大筹码，愈挫愈勇，希望一举赎回损失，加倍地赚钱。但他们不清楚，每一笔投下的小钱是足以毁掉他们的大数目。他们没有算法规则，只追求眼前利益，他们不是博弈家，充其量只是赌徒而已。

张华光老师指出，诸多的企业家在思维、精力与资金都极为匮乏的情况下，仍然寄希望于靠一招翻盘，他们利欲熏心、急功近利、不善克制，见到眼前一丁点儿的利益便毫不思索地猛扑上去，想一招翻盘，这是一种典型的"赌徒心态"，是不可取的。拥有这种心态后，企业就会陷入一种"经营艰苦、老板迷茫、发展缓慢"的状态，管理者似乎总有解决不完的困难，永远处于无尽的焦虑之中。从科学的角度出发，企业要取得成功，管理者就必须要有一个端正的发展态度，要懂得去延迟自我满足感，依靠科学的成长系统，让企业价值变现，才能达到财富的彼岸。

实际上，对付"赌徒心态"最好的方法，就是最大限度地延迟满足感。这里的延迟满足感不是让你被动地等待事情的推进，而是以正确的方向、勤奋的方式，以及科学的方法积极地主动应对。

中国企业做得最好的，最懂得不断地延迟自我满足感的莫过于华为。他们花了大力气在研发上，而这些都不是短期见效的事情。相比于其他企业"赚快钱"的增长模式，华为走的是通过不断地投入研发，让企业不断地实现自我增值，在不断迟延自我满足感中，使企业走上国际高科技的前沿。

2000年，房地产市场大热之时，各位商界大佬都摩拳擦掌准备进场，似乎不趁机赚他一笔，简直是落伍了。这时又有好朋友找任正非说："任总，咱们合伙搞房地产吧，随便搞一块地，开发一下，几百亿的利润就到手了。这比搞科研可强多了！"任正非拒绝了，他要坚持自己的初心，即在一个行业里深耕。因为他知道，搞科研虽然来钱慢，但是从长远来看，一家企业只有拥有自己的核心知识，才能实现长足的可持续发展。

2010 年，在华为的一次内部会议上一位高管发言：华为要多学习同行多元化发展，房地产市场、互联网市场前景广阔，均可涉足。任正非彻底怒了：华为不做这些早有定论，以后谁再提，谁就下岗！可那时的华为公司还时刻在"温饱线"上挣扎，这让外界越来越不理解他。

为了杜绝此类的事情再次发生，任正非亲自制定了《华为基本法》。基本法明确提到：华为公司不管谁领导，都要坚持初心与方向，只追求在电子信息领域实现顾客的梦想。并且只能通过锲而不舍地艰苦追求，而不是投机取巧，使自己成为世界级的领先企业。最为关键的是，该法中明确表示华为以后只专注于终端设备供应，绝不会进入信息服务等其他行业。华为公司凭的就是这股"傻"劲儿，踏踏实实做科研，才突破了一个又一个技术难关，走在了世界高科技产业的前列。

另外，华为还有一个"延迟满足感"的行为，那就是不断地保持危机感。在一次采访中，任正非说："十年来我天天思考的都是失败，对成功视而不见，也没有什么荣誉感、自豪感，而是危机感。也许是这样才存活了十年。"华为领导人清楚地知道，一个企业如果丧失了危机意识，总是停留在舒适圈中安于现状，无法超越自己，驱动自我变革，那么其迟早有一天会被市场所淘汰。同样地，一个人如若要实现自我逆袭，也应该时时懂得延迟自我满足感，脑中始终装着"危机"

这根发条。

　　事实上，全球市场上那些具有极强竞争力的企业，都是将"延迟满足感"做到了极致。Google公司经常强调，做事要做到"瑞士制造"的质量，大家知道，德国制造以质量好著称，如果要找一个比德国制造质量更好的国家，那就是瑞士了。一般高质量的商品，完美率达到90％就可以卖到很高的价格了，但是瑞士人并不满足于此，继续精细，最后制造的商品，虽然质量比别人好那么一点点，但是价格却贵很多。正是由于瑞士人延迟了满足感，做好了最后的5％甚至1％，就可以获得极大的回报。

　　一个人有怎样的格局便能成就怎样的事业，对企业家来说，其有怎样的眼界便能成就怎样的企业。而大格局、高眼界的本质，就是延迟满足感。所以，从这个角度来讲，一个懂得延迟自我满足感的人最有可能成就大事，而一个懂得延迟自我满足感的企业，也最有可能做出斐然的业绩。

第二章

前途屡屡受挫，都是不懂"延迟满足感"惹的祸

生活中，职场生涯对多数人的人生起着极为关键的作用，它关乎一个人未来才智和能力的增长与否、薪资的多寡、权力的大小等。而在职场中，很多人的前途不是被能力不足所毁掉的，而是被延迟满足感能力的低下而毁掉的。比如，很多初入职场的年轻人，总是过于在意自己能拿多少薪水，而对一份工作所带来的个人成长"机会"却并不关注。他们总是陷入在意"当下能获得多少收入"的局限性中，而从不关注这份工作能让自己的价值增长多少，也就是所谓的个人的"长期收益"。所以，如果一份工作不能为他们提供让他们获得即时满足的"期望薪水"或"期望的轻松"时，便会心浮气躁、悲观抱怨、消极应对甚至是频频跳槽。这也让他们在不断地丧失机会、丧失成长，最终与成功绝缘。可以说，多数人的前途之所以会屡屡受挫，都是被他们低下的延迟满足感的能力给毁掉的。而生活中，那些真正有远见、有胸怀、有抱负的年轻人在刚入职场时，会先将即时的"满足感"比如高薪水、工作内容相对轻松等放在一边，而是会选择能为他们带来"长期收益"的东西，比如工作中的个人历练和成长，遇问题积极寻求解决办法等，最终获得良好的发展前景，甚至成就自己的事业。

不懂分辨好坏工作，哪来的"前途"

当你得到一份工作时，你更看中什么呢？是工作带来的薪水，还是工作带来的学习和成长的机会呢？

其实，把薪水看得重的人无非有两种：一类是生存压力大，必须要立即从工作中拿到高报酬；另一类是生存无太大压力，却目光短浅的人。这两类人都是典型的不懂得延迟自我满足感的人，他们只顾当下，不能从长远考虑，所以他们最终只能给别人当员工。而那些懂得延迟自我满足感的人，更看重的是一份工作带给他们的平台和成长机会。

把薪水看得重的人，最终都会因为"停止成长"而获得十分有限的薪水。相反，一份充满学习机会的工作，薪水会因为自身价值的增长而不断地攀升。

一个班上的两个大学毕业生，几年前同时参加工作，一个选择了到一家知名公司做行政工作，一个选择了到一家不起眼的小公司做销售。做办公室主任的进公司时月薪 4700 元，而做销售的进公司时月薪只有 2000 元。销售工作比行政更具有挑战性，也更辛苦。几年过去，如今做行政的同学月薪仍旧不到 5000 元，而做销售的那位同学，因为积累了丰富的人际资源，自己开了一家小公司，每年获利至少有二十几万元。所以，当你一事无成的时候，重要的是想办法通过学习让自己值钱，而不是为了钱而"自断前程"。

李嘉诚当年在给人做学徒工的时候，看重的不是收入，而是那份工作带给他的历练。他不愿意为了钱而工作，更愿意为了微薄的薪水在茶楼给人当学徒。在此过程中，他通过与各种各样的客人打交道，学到了察言观色的能力和与人沟通的能力。在工作中，他心中想的不是这个月我得了多少钱，下个月我能得多少钱，这一年我能赚多少钱，他心中算计的是：我什么时候可以学到经营的本领，开创一份属于自己的事业。

一位朋友到悉尼留学，在上学之余，他去兼职做汉语家教。他做家教看重的不是一个小时能赚多少钱，更在意汉语教学带给他的创业机会。通过对不同人的辅导，他掌握了快速学汉语的基本要领和方法，通过一对一的教学，他掌握了针对不同人的个性采用不同教学的方法。同他一起的还有一位留学生，刚没做多久就嫌辛苦、不赚钱，就开始应付他的每一位学生。小孩子上课的时候想睡觉，他就会趴在桌子上一起睡，只为了蹭那一小时的课时费。

两年后，很努力的那位朋友已经与当地大学教授的课时费持平，找他学汉语的学生已经踏破他家的门槛。等三年后他完成学业时，就在当时组建了他的汉语培训机构，学生爆满。而那位为了赚钱而应付的留学生，刚刚完成学业就早早地因为生计问题被迫离开。

这便是差异！为了薪水而工作，前途总归是有限的。你的月薪加上其中的学习价值，才是你真正的薪资，我们切勿盲目因薪水的多寡去判定一份工作的好坏。要知道，好工作不见得薪水高，却能让你进步。在这样的工作中，你会被逼迫得不断上进和学习。就算现在没机会，以后也会被大家抢。相反，薪水高但学不到东西，就不能算做好工作。因为它不会催你学习，让你上进。十年后的你跟今天也不会有太大的差异，它非但不能给你前途，在原单位也有被淘汰的可能。所以，月薪加上学习的价值，才是你真正的薪资，这才是判断一份工作好与坏的标准。

实际上，短期内的薪酬差别并不重要，那些懂得辨别的人，都是能够不断地延迟自我满足感的人。这样的人，他们更关注事物的本质，关注事物未来的走向，看重这件事的长期收益在哪里，而不仅仅会着眼于眼前。

当下的许多毕业生找不到工作，其中一个极为重要的原因就是缺乏工作经验，到单位无法一下子接手工作，而诸多单位又不愿意充当人才培训基地。刚毕业的学生没工作经验，这是极正常的事。可令人遗憾的是，很多年轻人不愿意为了获得经验而从事收入较低的工作。你在能力有限的时候，却开口向用人单位漫天要价，谁会要你呢？所以，如果你打算为养家糊口，为履行义务总去草率地应付你的工作，那你一辈子都只能处于打工状态并难有进步。你唯一向上的机会在于，你要目光远大，你要有抱负，你志不在小。如果不想一辈子打工，靠微薄的收入过一辈子，那么，在刚开始你就要端正心态，不重薪水，选择一份能历练自己的工作，让自己先变得值钱，再去想如何赚钱。当你刚毕业就得到了一份工作，你真应该暗自庆幸：有人愿意给你机会让你积累工作经验，反过来还要给你钱，但很可惜，很多年轻人却看不到这机会中所包含的价值。

很多时候，"机会"总爱穿着"长远"的外衣藏起来，而只有智慧的人，才能够看到它究竟藏在哪里。

别总在"薪水"上计较，自我增值才是最重要的

延迟满足感实际上就是控制自我心性的阀门，让自己能够沉下心来向更高远的地方瞭望，以获得更大的满足感。而将这种能力运用得炉火纯青的典型就是字节跳动的 CEO 张一鸣。无论是在公开演讲，还是媒体专访，或者是他个人的微博，"延迟满足感"是他运用极高的一个词汇。在人生的每个阶段，他可以通过反复地调试，让自己像机器算法一样，做到随时随地"延迟满足感"。

2005 年，他毕业后，加入了一家互联网公司。他是比较早进入那个公司的员工之一，一开始只是一个普通的工程师，但是在工作第二年，他便在公司管了四五十个人的一个团队，负责所有后端技术，同时也负责很多产品的相关工作。

有人曾问他，为什么能在第一份工作中有如此快的成长速度？是不是你专业技术过硬，在公司表现特别地突出？可他却摇了摇头。因为在当时与他一起入职的员工，有两个清华计算机系的博士，技术能力则远远超过他。他当时之所以能从这些人中脱颖而出，成为公司里的佼佼者，是因为他在工作上懂得延迟自我满足感，他工作从来不是为了满足自己赚多少钱、得多少工资，而是专注于个人能力的提升，这也让他做事从来不给自己设边界。

通常情况下，很多员工在入职后都会关注自己岗位上的工作，觉得老板给多少钱，就只付出等同价值的劳动。就是偶尔被上司派遣去

干其他的工作，也会表现得极不情愿，貌似自己吃了多大的亏似的。但是，张一鸣干工作，从不去区分哪些工作是自己该做的，哪些不是自己该做的。他从不满足于干好自己的工作，而是会主动去帮周围的同事去解决工作中所遇到的难题。正是在这些细小工作的磨炼中，张一鸣无论是个人知识、技能和专长以及价值都得到了大幅度的提升。

在工作的前两年时间，他基本上每天晚上都是工作到十二点或一点，回家后也编程到很晚。因为他对工作确实有兴趣，而非公司的要求。正是在一个个难题的突破中，他从负责一个小项目的负责人，到后来带一个大团队，再到后来带一个小部门，再后来带一个大部门。当时他负责技术，但遇到产品上面有问题，他也会积极地参与讨论，想产品的方案。很多人说这不是他该参与的事，但他却总是表现得最为积极。他的这种责任心，驱动他去做更多的事情，让他的个人价值不断地上到一个新台阶。而那些与他一起进公司的同龄人，包括那些高学历的专业技术人员，因为将目光仅限于自己岗位中的工作，个人能力也未能获得更好的拓展，这主要是因为相对于工作技能，他们个人的满足感局限于薪水的多寡。

刚毕业的张一鸣之所以能超越同龄人，是因为在工作方面，他能不断地延迟自己的满足感：他不仅满足于完美地完成自己岗位上的工作，满足于解决掉个人工作难题带来的成就和愉悦感，还去主动帮别人解决工作难题，只要是难题，他都来者不拒。这使他的个人价值得到了最大限度的提升，进而拉开了与其他同事的差距。

在现实生活中，我们常会听到类似于这样的抱怨："一个月就给这么点钱，凭什么让我做这做那！""我的努力已经对得起老板付出的那点可怜的工资了！"……总之，他们的思维习惯是：当天的情绪或心情随着老板涨工资的幅度而起伏，他们只盯住眼前的那一点利益，仅仅在每年涨的那几千块工资中自我满足，而从不去磨炼个人的技能，关注个人价值的提升。这些年轻人，本来有着丰富的知识、不错的能力，却常常因为几千块的工资涨幅而不断对工作挑三拣四，甚至不断地跳槽，到最终一大把年纪还要与职场新人抢职位。而懂得延迟自我满足感的人，他们做事从不给自己设边界，尽力把自己不懂的东西全学到手，然后再去想薪水的事儿。如果你的格局再大一点儿，压根一辈子都不会去考虑薪水或赚钱的事儿，而是一辈子只关注自我成长，然后踏踏实实做成一件大事，财富还能不来吗？

实际上，对于职场新人来说，你今天的工资可能是三四千块，如果为了多收入一两千块而频繁跳槽，你的生活现状会真正地改变吗？不会的，你照样买不起车子、房子。最终除了让自己不断在奔波中返回"原点"外，别无收获。

其实，刚刚步入社会的前10年，大家的工资是没有多大差距的。你的同学也许早你一年升个什么组长、什么领班、助理等，那也不重要。最重要的是你在第一个10年里要扎扎实实地投资自己。

当你人生奋斗的第一个10年走完了，如果你扎扎实实地把自己的基本功练好了，到第二个10年你可能才有机会成为一个部门主管。那时候，你的身价已经很高，你所掌握的资源、学到的各种技能，已经成为别人永远也盗不走的最大财富。那个时候，你可以拿着简历趾高气扬地跳槽，也可以理直气壮地要求现在的老板给你加薪、升职。

在人生的第二个10年，你可能会结婚，过着上有老、下有小的生活，如果你还够踏实勤奋，能干到一个部门经理，你的收入还能勉强支撑一个家庭的开支。

前面两个 10 年你如果走得够扎实，那么，你有可能会走入人生奋斗的第三个 10 年。如果说前面的 10 年是自我"身价"的提升阶段，那么，人生的第三个 10 年则是你财富积累的开始。那个时候，你可能会有一家自己的公司，你的收入会远大于你的生活所需，人生的财富也会在此期间暴涨。

可是很不幸，绝大部分的年轻人走不到第三个 10 年。他们往往在人生的第一个 10 年，常常因为计较多几百块钱的工资而放弃大好的学习机会。从此之后，其人生都在不断颠簸中度过。

树立"长线思维"：站在未来布局现在

字节跳动 CEO 张一鸣在一次采访中，提及了这样一个事实，他说："很多人大学毕业后，目标设定便不高了。发现有的同学进入银行 IT 部门：有的是毕业后就加入，有的是工作一段时间后加入。为什么我把这个跟'不甘于平庸'联系在一起呢？因为他们很多人加入，是为了快点解决北京户口，或者为了有分房补助，可以购买经济适用房。后来，我就在想一个问题，如果自己不甘于平庸，希望做得非常好的话，其实不会为这些东西而担忧：是否有北京户口，是否能买得了一套经济适用房？

如果一个人一毕业，就把目标定在这儿：在北京市五环内买一个小两居、小三居，把精力都花在这上面，那么工作就会受到极大的影响。他的行为会发生变化，不愿意冒风险。

比如我以前的朋友，他会业余做一些兼职，获取一些收入。那些兼职其实没有什么技术含量，而且对本职工作也有影响，既影响他的职业发展，也影响他的精神状态。

我问他为什么，他说，哎，快点赚钱付个首付。我觉得他看起来是赚了，其实是亏的。

所以我说，不甘于平庸很重要。我说不甘于平庸，并不专门指薪酬要很高或者技术很好，而是对自己的标准一定要高。

也许你前两年变化得慢，但10年后再看，肯定会非常不一样。"

根据张一鸣的论述：一个人是否拥有"长线思维"，不急于贪图眼下的安稳生活，是其能在同龄人中脱颖而出的主要原因。所谓的"长线思维"，主要是指一种能站在未来布局现在的能力，是基于未来的收获，去精心安排当下的行动，哪怕是要牺牲掉眼前唾手可得的利益。就像上述案例中，那个一毕业就将目标锁定在当地城市买一个小两居、小三居这样的细琐的事情上，他们接下来的人生和精力都会围绕这个小目标而不断地被"搓磨"，如去做一些毫无技术含量的兼职，而最终无益于个人价值的增长。而真正成熟的人，都运用长线思维去经营自己的人生，他们懂得延迟自我满足感。在他们看来，是否决定投资学习一样事物，不会只考虑眼下能否用得上，还会看到未来持续增值的可能性。

亚马逊创始人贝索斯与巴菲特的人生始终都奉行一种长线思维原则。贝索斯布局创办亚马逊公司以及巴菲特从长远去布局股票投资，都奉行的是对未来的无限执着，所以他们愿意不断地推迟自我满足感去让自己的企业在一点一滴的成长中不断地壮大，后者则注重长线布局，秉承价值投资策略，使自己的财富似雪球越滚越大。

对于个人来说，要培养自己的"长线思维"能力，首先树立"投资自己"的人生理念。比如，你努力工作、赚钱，并用赚来的钱投资自己，致使自己的能力得以提升，最终能挣到更多的钱，从而建立一种正向的良性循环，使自己不断地在竞争中胜出。"投资自己"短期看是个人"资产"和"利润"的减少，但长期来看，会增加个人的竞争力，使自己在未来有更大的收益。这就要求我们要将更多的钱财或时间用在"买书""培训学习""教育""健康"和"运动"等。

其次，要树立"活在未来"的生活理念。我们的身体只能存活于当下的时间段，过去的已经过去，未来的还到来。但是我们的思想和思维却可以存在不同的时间，如果按照思维模式考虑的话，可以分为三类：活在过去的、当下的与未来的。

活在过去的人，总是在对往事的追忆中无法自拔。在生活中，最常听到他们讲的话是"想当初""要是谁还在就好了""我不想长大"等，他们总是沉浸于对"过去"时光的满足感之中，所以，无法跟过去的自己、他人或者事情说再见，所以，人生也难以以新的姿态重新开始。

活在当下的人，喜欢及时行乐，懂得享受生活，活得比较安逸，从不想过去和未来。他们总是说"今朝有酒今朝醉""顺其自然""莫问前程"等。他们的生活会比活在过去的人好一些，但他们总是沉浸于当下的满足感中，缺乏对未来的思考和计划，面对生活中的各种变故、挫折，或者社会的高速发展，很容易被时代的浪潮所抛弃。

活在未来的人，拥有长线思维模式。他们善于研究社会发展的大趋势，总能高瞻远瞩。他们始终奉行"终身学习"的生活理念，同时他们也拥有明确的个人"愿景""目标""长期发展规划"等。他们的生活是这样的：他们笃定某件事对未来一定有利或者正确，所以他们总能提前开始准备并且一直坚持，并拥有超越常人的自律性。无论在怎样的情况下，他们总能用未来的信念指导着当下的行动。他们身上最大的特点就是懂得"延迟自我满足感"，并能长时间坚持自律。在面对人生重要的选择时，他们一定会用长线思维去思考问题，并且选择那个对长期发展有利的选择，哪怕它短期看起来是无益或者有害的。

一个人拥有怎样的思维方式，便有着怎样的人生。活在过去的人，总是会被社会发展的车轮所碾碎和淘汰，而活在当下的人，只能靠天吃饭，命运无法掌控在自己手中。只有活在未来的人，才有对命运的选择权，才有可能跑赢人生的大盘。

频频跳槽的结果：你将"谁也不是"

当下的年轻人在朋友中总会听到这样一句口头禅，"我换了新工作了"，然后顺带告诉你，"我把原来的老板给炒了！"在现实中，很多年轻人都有类似于这样的体验：做一份工作没多久，稍微感到不爽，便立即辞职。他们丝毫没有延迟自我满足感的能力，更没有耐心去好好磨炼和提升一项新工作的核心技能。所以，他们的简历上始终没有一项能拿得出手的、过硬的本事，总免不了要面临频频换单位的窘境。

一个毕业生刚到一个岗位大概有两三个月的蜜月期，反正你是新人，大家对你的要求都不高。等干到半年或九个月，会遇到工作中的第一个难题，多数人会在这个时候选择离开。遇到困难，最容易的解决办法便是：我不干了。然后美其名曰："我把老板开了"。这样的年轻人"开"几个老板后，最终也会沦陷到把自己开了的窘境。因为到最后他们的简历使他们没有地方可去。

在二十多岁的时候如果总是频频跳槽，几年后，你也只能"谁也不是！"因为不断跳槽，不断换行业，最终会没有一项擅长或熟练的技能或本事，到中年，还要回到起点从一个初级职位开始干起，拿着最为基本的薪水，与一群刚刚起步的20多岁的年轻人在同一起跑线上抢饭碗！

李开复说，人生的起步阶段，资本积累是极为重要的事。当然了，这种资本的积累不仅仅包括你的工作技能和经验，还包括人际关系，为人处世的能力、口碑，与人相处的能力等。如果你频繁跳槽，代表你每一个阶段的积累都付诸东流了，一切都得从头开始。如果在工作的前3年中，你换了三个行业，3年后，你等于只有一年的积累，而一个没有换行业，没有换工作的人，至少有了3年的积累。在同样的岗位上，谁会更占优势呢？

很多时候，一个人在一个岗位上工作两年左右，就会觉得工作没意义，不顺利，心情烦躁，很想辞职，换工作，到另一个行业中去寻找新鲜感和快乐感，觉得这样就可以将所有的烦恼都抛开。殊不知，你抛弃只是暂时的烦恼。当你到了一个新的单位，新的岗位上后，一切都要从头开始，不久，你还会遇到同样或者类似的困难，烦恼同样也会如期而至。

其实，一些年轻人之所以会频繁换工作，其根本原因就在于他们不知道自己要干些什么。一个丧失了目标的人，他们的人生也注定会像无头苍蝇一样横冲直撞了。

　　林涵是小李的同村老乡，两人是差不多同年毕业的大学生。每次回老家，林涵的妈妈便会恳求小李：听说你在京城的工作不错，能否帮我们小涵也找个出路。

　　当时的小李也刚有立足之地，这个确实有点难，但又不好当面拒绝，总会回应说："我会帮她看着，有合适的机会，一定会通知她。"

　　林涵，大学念的是经济学，因为从小对数字不敏感，她对这一科毫无兴趣，也不知道毕业后能做什么。

　　当表哥找她一起到校区卖凉皮、凉面，她便一口答应，梦想有一天能把自己研制的调凉皮秘方卖遍全世界。这个工作并不浪漫，天气炎热，在凉皮下锅时，经常会被蒸汽烫到手，她的手贴满了创可贴，天气渐渐转凉，生意差了……耗了大半年，表哥收摊了，她也跟着失业。

　　林涵左思右想，想出一个点子来。她决定凭借小时候的绘画功底，进军包装设计行业，却因为缺乏创意而不断碰壁。求职不顺，让她觉得自己已无法适应民营企业，那么也许适合当公务员，于是念头一转，便向爸妈拿钱补习，准备考公职，一年后毫不意外地没考上，家里人再劝她去找工作，而这时离毕业已经两年了，她对自己要做什么事，一点想法也没有！

　　朋友曾经劝她，尝试不同的工作是对的，可是也不能像无头苍蝇一样瞎混嘛！你要看清楚你的兴趣、能力，以及人格特质，你所找的工作中至少要和其中一项相符合。

　　可她并没有将这样的劝告听进去。

　　最后，她在同学的推荐下，进了一家小公司，做文职工作：接待柜台外加收发文书。不甘不愿地去上班，她感到窝囊透了，好歹自己是经济学本科毕业，这样琐碎的工作本应该是初中毕业的小妹妹做的。这样一次刻骨铭心的经历，又让她推论出：之所以无法找到好工作，是因为自己缺少一张硕士文凭，于是便她一边工作一边准备考研究生。

因为发愤努力，她还是考上了，现在是经济学研三，几个月后即将毕业，她将再度回到几年前刚毕业时的原点，不知道自己毕业后要做什么，而这时她已经 27 岁了……如果她再找经济相关的工作，她过去的工作经历并不会为她加分，甚至还会为之减分，如果她不想做经济相关的工作，那她为何要念研究生？

林涵就这样随意晃掉了 5 年的黄金时间！

许多人可能会说，我频频跳槽的主要原因是根本不知道要干什么。这样的人与其说他们缺乏人生定位，不如说他们缺乏延迟满足感的能力。他们根本无法静下心来好好修炼一下他们的核心技能，稍微遇到一点不顺心的事或难题，便想着以"另谋生路"的方法来让自己回避痛苦，获得暂时的满足。可最终却使自己丧失了核心的竞争力。所以，一个具有"长远思维"眼光的职场人，最该懂得延迟自我满足感，他们会在某一个领域中"深耕"，遇到任何难题，他们不会想着通过换工作或其他方法去回避，而是会积极去解决难题。他们懂得从自身的职业属性、职业技能与职业经验等多方位去确定个人的核心竞争力。这样才不致于使自己有个糊里糊涂的人生。

你是在"挑水"，还是在"挖井"

有这样一个故事：

在相邻的两座山上住着两位行者，一个叫"一休"，一个叫"二休"。这两座山上都没有水，因此两个人都要到山下面的一条小溪中去挑水，因为经常遇到，所以很快就成了好朋友。

就这样，五年过去了。有一天，二休像往常一样到小溪中去挑水，发现一休竟然没有出现。二休想，一休大概是睡过头了。第二天，二休再去挑水，还是没有见到一休。就这样，一周过去了，一个月过去了，一休仍旧没出现。二休很担心，心想："我的朋友可能生病了，我要去拜访一下他，看能帮上什么忙。"

当他上山找到一休所在的房子，却发现一休正在屋里打坐冥想，而且精神焕发，一点都不像生病的样子。他吃惊地问："一休，你已经一个月没有下山挑水了，为何你没有挑水还有水喝呢？"一休笑着带他到后院，指着一口井说："这五年来，我每天挑完水后，都会利用零碎时间来挖井，即便有时候很忙，也总会坚持挖一点儿。现在我已经挖好一口井，井水源源不断地涌出，从今以后我再也不用下山挑水了！我还可以省下许多时间来做我自己喜欢做的事情，比如打坐、冥想等！"

因此，一休从此不再辛苦劳累花时间去挑水了，而二休却依然每天都要下山，没得休息。

其实，在现实的职场中，也有两种员工：挑水喝的和挖井的人。两者的区别在于其前者缺乏延迟满足感的能力，而后者的这种能力却极强。前者仅着眼于工作当天的满足感，于是他们为了获得愉悦的感觉，会当一天和尚撞一天钟，会偷懒、耍滑，这便是典型的"挑水者"的心态去应对工作，而挖井者则会把工作当成个人的事业去奋斗。他们每天关注的是如何提升自我能力，所以他们自律性高、意志力强、擅长规划、目标感足，并且专注投入，会把工作真实地当成个人的事业去奋斗，于是他们会积极主动，用智慧的头脑、勤劳的双手去挖一口属于自己的"财富"之井，让自己受用一生。

"挑水喝"的员工因为总觉得自己是在给别人打工，所以，他们对工作总是消极应对。他们总是喜欢与其他人比谁的工资高，若比别人多一点便会沾沾自喜，若比别人少一些便会牢骚满腹。他们总爱为眼前的利益去斤斤计较，为获得当下的一点满足感违背个人行事原则。而"挖井"型的员工，总能不断地延迟自我满足感，总能积极地去拥抱和解决工作难题，他们和别人比的是谁在工作中学到的东西更多，他们看重的是个人经验的积累，看重的是企业能否为自己提供更为广阔的施展才华的平台，以及自己能否在这个平台上将个人的能力发挥到极致。

"挑水喝"的员工总以工作清闲为荣，他们只愿意在自己的岗位上尽责，对其他的事总是持冷漠态度。如果遇到一点点难题，便会怨声载道；而挖井的员工总会把自己的工作延伸到本职工作外，只要事关单位的声誉或者利益问题，都会积极主动地解决，无怨无悔地付出自己的精力和智慧。

可以说，"挑水喝"的员工从来不愿意吃半点亏，为此，他们爱精打细算，表现得很"精明"；而挖井的员工把工作当成学习和磨炼自己的机会，为此，他们总会积极主动地去解决难题，而他们挖出的井却足以受用一生。

其实，在一个人的职业生涯中，只要我们愿意以"挖井"的精神去工作，愿意脚踏实地地付出自己全部的努力，愿意把工作当成自己的事业去做，抱着为企业工作就是为自己工作的态度，那么，每个人都是在最大限度地实现自己的职业理想。

出生于美国某乡村的济瓦格，因为家庭贫穷，未受过高等教育。15岁那年，他为补贴家用，就到一家农场做了马夫。

三年后，一个偶然的机会，济瓦格到钢铁大王卡内基所属的一个建筑工地打工。从踏入工地的第一天起，他就决定了要做同事中最优秀的员工。每当加班时，其他工人都在抱怨活儿累、挣钱少而消极怠工的时候，济瓦格却仍旧兢兢业业，他独自热火朝天地干着，并在工作中默默地积累经验，并且还利用工作之余学习建筑知识。

一天，工友们都在喝酒、闲聊，而只有济瓦格躲在一个角落里，一边看书一边拿笔在笔记本上写着什么。那天恰巧经理到工地检查工作，经理看了看济瓦格手中的书，又翻开他的笔记本，就弯下腰微笑着问他："你学那些东西干什么呢？"

"我想公司并不缺少建筑工人，而是缺少既有工作经验又有专业知识的技术人员或管理者。"济瓦格说，"再说，我坚持学习，就算做不了技术工或管理者，至少也能成为同事中最优秀的。事实上，通过这段时间的学习，我觉得我比他们优秀许多了，很多建筑方面的知识，我可以信手拈来！"

经理看着他点了点头，瞬间被济瓦格的认真精神所感动了。不久，济瓦格就被升任为技师，然后他又凭借自己的努力一步步升到了总工程师的职位上。25岁那年，济瓦格就当上了那家建筑公司的总经理。

对此，济瓦格说："一个打工者若想成功，就要立志做一个优秀的人——起码要立志做同事中最优秀的人。如此一来，在没有超过自己身边的人之前，就会严以律己，时时提醒自己不要懒散。"

济瓦格是这样说的，也是这样做的。他勤奋敬业、积极主动，因而也获得了比别人更多的发展机会。卡内基钢铁公司的工程师兼合伙人，在筹建公司最大的布拉德钢铁厂时，发现了济瓦格超人的工作热情和管理才能。当时，身为总经理的济瓦格，每天都是早早地就到工地，当琼斯问他为何来得如此早的时候，他回答说："只有这样，当有什么急事的时候，才不至于被耽搁。"

工厂建好后，琼斯毫不犹豫地提拔济瓦格做自己的副手，主管全厂的事务。两年后，琼斯在一次事故中丧生，济瓦格就接任了厂长一职。因为济瓦格天才的管理艺术以及虔诚的敬业态度，布拉德钢铁厂成为卡内基钢铁公司的灵魂。几年后，济瓦格得到了卡内基钢铁公司的股份，并被任命为子公司的董事长。

济瓦格在担任董事长职务后的第七年，当时控制着美国铁路命脉的大财阀摩根，提出了与卡内基联合经营钢铁的要求。开始的时候，卡内基并没有理会。于是，摩根便放出风声，说如果卡内基拒绝，他就找当时位居美国钢铁业第二位的贝斯列赫姆钢铁公司联合。卡内基意识到问题的严重性，他知道，如果贝斯列赫姆与摩根联合，就会对自己的发展构成重大的威胁。于是，卡内基便全权委托济瓦格与摩根谈判，并取得了对卡内基有绝对优势的联合条件。

后来，济瓦格终于建立了自己的伯利恒钢铁公司，并创下了非凡的业绩，真正地完成了从一个普通建筑工人到卓越领导者再到一个世界闻名的大企业家的成功飞跃。

济瓦格的经历告诉我们：以挖井的精神去对待你的工作，最终你会获得丰厚的回报。但在我们周围，有很多只知道"挑水喝"的年轻人，在职场中，他们为了争一点工资而频频跳槽。几年下来，他们会发现，自己不仅没有做出什么业绩，反而沦落在被社会淘汰的边缘。这的确让人感到惋惜。

别把工作当成个人谋生的手段，而应该将其当成自己为之奋斗一生的事业去经营。对于一个有抱负的员工来说，应该利用各种工作机会去增强自己的才干，把工作机会当成自身学习、锻炼的平台，对自己要求越严格，能力就增长得越快。要想把看不见的梦想变成看得见的事实，便要懂得在工作中兢兢业业，把工作当成事业去经营。强烈的敬业精神会将你推上成长的良性轨道，并积极引导你实现自己的人生梦想。

将解决问题当成自身的义务

M. 斯科特·派克在《少有人走的路》中说："人生是一个面对难题并解决难题的过程。问题能启发我们的智慧，激发我们的勇气；问题是我们成功与失败的分水岭，为解决问题而付出努力，能使思想和心智不断地成熟。学校为孩子们设计各种难题，促使他们动脑筋、想办法，恐怕也是基于这样的考虑。我们的心灵渴望成长，渴望迎接成功而不是遭受失败，所以它会释放出最大的潜力，尽可能将所有问题解决，面对问题和解决问题的痛苦，能让我们得到最好的学习。可现实中，却有很多人不够聪明，他们遇到难题，总是选择逃避。可以说，逃避问题和逃避痛苦的趋向，是人类心理疾病的根源……在某种程度上，人人都害怕承受痛苦，遇到问题便慌不择路，望风而逃。有的人不断拖延时间，等待问题自行消失；有的人对问题视而不见，或尽量忘记它们的存在。有的人与麻醉药和毒品为伴，想把问题排除在意识之外，换得片刻的解脱。我们总是逃避问题，而不是与问题正面搏击；我们只想远离问题，却不想经受解决问题所带来的痛苦。"派克告诉我们，人生充满了各种难题，工作难题也算是其中一部分。而一个人遇到难题时，对待它的态度，决定了其心智成熟与否，也决定着一个人一生成就的大小。

在现实工作中，多数人在遇到工作难题或接到某件艰巨的工作任务时，他们通常的说法就是"我做不了""我做不到"。他们想以此种方法来回避难题带来的痛苦以获得暂时的满足感。但是，你要知道，老板请你来工作，是为了让你帮他解决难题的，如果一遇到难题你便说"做不到""那太难"等之类的话，那说明你对他是无价值的。试想，谁会重用或提拔一个无价值的员工呢？

在职场中，要想发挥你的最大价值，就要把解决问题当成自己的义务。当出现问题时，你要清楚为何会出现这样的问题，出现此类问题的危害，问题的严重程度，等等。这时，你还应该针对问题找出解决的方法，当事情超出你个人权限范围的时候，你可以将解决方法上报，然后由老板来拍板决定选择什么样的方法。

如果你只是将问题提出来，等着老板拿方法，自己却在一旁束手无策，这就表明你将本该自己要完成的事情甩给了老板，也就是说，你失职了。

如果你只是向老板提出问题，然后等着他去做决策，无论老板怎么做都是错误的；如果他去了解信息然后决策，那是在做你应该做的工作，如果他不去了解信息直接拍板，那是从自己的经验出发，没有考虑到实际情况，很容易拍错。即便他拍板对了，那也是错，因为他代替你思考，剥夺了你成长的机会。

一个真正聪明的员工在找老板汇报工作时，应该这么说："老板，您看，我现在遇到问题了，有以下的几种解决方案，一……；二……；三……点，我个人比较倾向于第三点，您怎么看呢？"然后，老板可能同意，那就直接去执行你的想法；如果老板有不同意见，那就积极和老板商量，最终提出最佳的解决方案。而不能直接上来就说："老板，我遇到了问题，您看怎么办呢？"老板哪里知道怎么办，你是最了解信息的人，你最应该懂得怎么去办。"

那种将问题直接甩给老板的做法，是在逃避自己的责任。当事情出现了差错或者没有完成，他们就会很自然地为自己开脱："决策不是我做出的，事情是按照老板的办法进行的，是老板的方案不对，而不是我执行得不到位。"

其实，这种做法和想法都是不对的。要知道，老板花钱请你来就是让你解决问题完成工作的，问题解决不了，工作完不成，没有出现良好的结果，这是你的责任而不是老板的责任。老板只是给你提供机会，然后给你提供建议，并没义务负责完成你该做的工作！

惠普管理层员工高建华曾讲过这样一个他亲身经历过的故事：他在加入惠普后，遇到了一个问题不知道该怎么去做，然后去找自己的上司请教，要求上司给自己提供一个良好的解决方法。没想到上司听完高建华的叙述后说："我不会给你提供解决办法，你自己去想吧！"对此，高建华说，我当时感觉很不公平，觉得这位上司太不懂得体谅下属了。但是现在，高建华却对上司很是感激。因为上司不给他解决问题，他就必须自己去想办法解决难题。几天后，当高建华带着自己的解决方案再去找上司沟通的时候，他已经对这个问题有了全面的了解，也有了充足的解决问题的信心。上司对高建华的表现也极为满意，并对他的方案提出了自己的一些修改意见。

解决问题的能力是员工最关键的能力，没有之一。在工作中遇到困难是正常的事，在这时，如果你能将解决问题当成自身的一项义务去履行，不仅能给老板留下"很靠谱"的良好印象，而且还能在无形中提升自己的能力，何乐而不为呢？

摒弃"小团体主义"：主动与优秀者为伍

职场中，多数员工都有这样一种"小团体主义思维"，具体表现在：一群人总爱聚在一起，臭味相投，彼此说老板或者上司的坏话，好似大家这样做了就是"战友"，而只要有一个人不这样做，就会被"隔离"在小团队之外。

不可否认，每个人都讨厌被管理，讨厌被约束，所以，大家聚在一起组成一个"小团体"，看似是一群非常铁的好哥们儿、好姐妹。可事实上却不是这样。这样无非是几个失败者聚在一起，彼此互相吐槽消磨掉对工作或生活的热情，从而获得暂时的心理满足感或快感。而获得这种短暂的心理满足感后，接下来便会陷入更大的不快乐中，原因是一个人在负能量的环境中长期浸染，会变得更加不快乐。

其实，真正成熟理智的高情商者，在工作中遇到不顺心的事情时，不会通过找人吐槽去获得即时满足感，而是会通过积极解决问题以获得"延后"的满足感。另外，生活中，他们也都会不自觉地去接近领导或者老板。这样做不是为了讨好，而是为了从他们身上学到优秀的技能、处事能力、眼光韬略或者优秀品质而已。同时，也是为了积极去了解他们的思维方法和内心的真实想法，以有目的性地去顺利展开自己的工作。同时，和优秀者在一起的过程也会逐渐地褪掉自己的"员工思维"，这对自己以后的成长有益而无害。

现实中，一些人不愿意和老板或者优秀者为伍，大都因为某些心理原因，比如羡慕、嫉妒等。其实，这是一种不成熟的缺乏理智的表现，只要你敢于正视你的这种心理，你就会发现，其实他们并没有你想象的那么讨厌。

刘涛在一家外贸公司工作3年了，他的上司是一位和他年龄相仿的海归。私下里同事们都爱凑在一起讨论领导的种种不是。其实，刘涛本人并不是一个八卦的人，但私下里谁不和大伙儿凑在一起说几句领导闲话或坏话，就会被定以"不合群""上司同伙儿"的"罪名"，渐渐地，就会被大家所孤立。为了与大家打成一片，刘涛只好在大家聚群闲聊的时候，附和说上几句上司的坏话。时间久了，他就真的越来越厌恶自己的顶头上司了。在接受任务时，他总是忍不住会抱怨几句；工作压力大时，也会向其他同事吐槽上司是如何地不近人情等，与初到单位时相比，工作积极性也大大降低，人也变得悲观、消极起来。

3年下来，刘涛几乎没有做出什么成绩，只是在原职位上应付各种差事。突然有一天，他开始反思自己，他问自己：为什么会讨厌上司。他发现自己居然答不出来，同时，他也不否认，上司是个办事稳妥、细致认真的年轻人。他终于明白，他对上司的所有的讨厌，都源于内心的各种嫉妒：嫉妒他比自己外语好；嫉妒他有一个良好的家庭环境，可以送他出国留学；嫉妒他年轻有为，嫉妒他没有吃过什么苦就能安然地享受当下的一切……刘涛也开始承认，自己之所以总躲着上司，是因为觉得站在他身边自己会自惭形秽。

终于，刘涛发现了问题的症结所在，他全面地剖析了自己的内心世界。也就是在那一刹那，他开始真实地面对自己的内心，认清现实——承认自己的不足。

随即，刘涛变得和其他同事不一样了。他不再是那个经常带头说领导坏话，唯恐天下不乱的人了。他也不再是那个整天唉声叹气传播负能量的人。在领导分配任务时，他也不再喜欢和大众站在一条线上，和领导唱反调。

第二天中午，刘涛便主动端着盘子坐在上司的对面，并主动与他搭话。上司看到他面带笑容，便愣住了。便问道："你怎么没和他们一起吃呀？"刘涛笑了，我这不是要利用一切机会向您多多学习嘛，本来有差距，更得向您看齐以提升自己了！"正说着，他们后面的一群同事就在隔几排的位置，依然在小声嘀咕着……

很多时候，我们之所以不愿意与优秀的同事或老板为伍，大多是因为嫉妒心理在作怪。因为嫉妒会让人内心产生不平衡感，进而会产生一种怨恨的心理。所以会去找与自己有相似经历的人去吐槽，以获得即时满足。实际上，当你真正剖开自己的内心，认识到这些的时候，你就能够真正地接纳对方，重新定位自我。

再者，每个优秀者身上都有了不起的地方，你接近他们，也会在不自觉间变得优秀起来。

据说，给李嘉诚开了30多年车的司机，因为年龄大了，准备要辞职离去。李嘉诚看他兢兢业业干了这么多年，为了能让他安度晚年，拿了200万元的支票给他。

司机说不用了，一两千万自己还是拿得出来的，李嘉诚很是诧异，问："你每个月只有5千~6千元的收入，怎能存下这么多钱呢？"

司机回答说："我在开车的时候您在后面打电话说买哪个地方的地皮，我也会去买一点；您说买哪只股票，我也会跟着买一点，到现在已经有一两千万的资产了。"

这个简短的故事告诉我们：跟着百万赚十万，跟着千万赚百万，跟着亿万赚千万。一根稻草不值钱，绑在白菜上就是白菜的价钱，绑在大闸蟹上就是大闸蟹的价格。跟着苍蝇进厕所，跟着蜂蜜找花朵，跟积极的人在一起，你就是积极的，跟消极的人在一起，你的内心也会变得阴暗不堪。

所以，无论在职场中，还是在现实生活中，你和谁在一起的确很重要，甚至能改变你的成长轨迹，决定你的人生成败。和什么样的人在一起，就会有什么样的人生。和勤奋的人在一起，你不会懒惰；和积极的人在一起，你不会消沉；与智者同行，你会不同凡响；与高人为伍，你能登上巅峰。

心理学家研究认为，人是唯一能够接受暗示的动物。和优者为伍，你对他的成功就会像对待自己的成功一般充满热情。随着时间的推移，你会在心中塑造出自己以及那些和你相似的人的形象。你会采取和这些人相同的价值、态度、行为、思想、意识形态以及信仰。学最好的别人，做最好的自己，学智人之智，成就自我，这也是一条职场成功之道。

你再有能力，也得先找到一个展示的平台

一个年轻人自恃很有才华，总是对一般的工作单位很不屑。一次，他到一位实力非凡的公司去面试。老板问他："你有什么要求？"

"我是名牌院校的高才生，只有5万以上的月薪才能配得上我的才华。并且一年至少要有一次公费出国的机会，公司还要给我租房子。"高才生说。

"我一个月给你薪水100万元。一年有两个月让你公费出国；还有公司会送你一幢房子。"老板说道。

"您不会是在跟我开玩笑吧？"高才生心中窃喜。

"你难道不是在跟我开玩笑吗？"老板说。

其实在生活中，诸如此类的事情数不胜数。很多年轻人自恃有才华，总是向用人单位提出这样那样的苛刻要求，从来不去想自己的价值在哪里，能为用人单位带来什么。要知道，工作是你个人能力展示的平台，如果没有这个平台，你本人再有能力，也无法使能力得到有效的发挥。所以，对于初入职场的年轻人来说，在刚找工作时，要懂得延迟满足感。这里所说的延迟满足感，并不是让你懂得忍耐，为了

寻到一份工作委曲求全，而是让你懂得克服当前的困难情境而力求获得长远利益的能力。所以，我们切记不要过分地考虑你的薪水，而应该注重工作所带给你的隐性报酬，抓住机会提升自我的能力，把公司当成自己生存和发展的平台。

有这样一个故事：

山上的一户人家有一头驴，每天都在磨房里辛苦拉磨，天长日久，驴便开始厌倦了这种平淡的生活。它每天都在寻思，要是能出去见见外面的世界，不再拉磨，该有多好呀！

不久，机会终于来了，主人带着驴下山去驮东西。没想到，路上行人看到驴时，都虔诚地跪在两旁，并对它顶礼膜拜。

一开始，驴大惑不解，不知道人们为何要对自己叩头跪拜，慌忙躲闪。可一路上都是如此，驴不禁飘飘然起来，原来人们如此崇拜我。当它再看见有人路过时，就会趾高气扬地停在马路中间，心安理得地接受人们的跪拜。

回到家中，驴自认为自己的身份高贵，死活也不肯拉磨了。主人无奈，只得放它下山。

驴刚下山时，就远远地看见一伙人敲锣打鼓地迎面而来，心想，一定是人们前来欢迎我，于是便大摇大摆地站在人群的最前面。那是一支迎亲队伍，却被一头驴拦住了去路，人们愤怒不已，棍棒交加……驴便仓皇逃回到主人家。等它跑到时，已经奄奄一息，临死前，它告诉主人："原来人心易变，我第一次下山时，人们对我顶礼膜拜，可是今天他们竟然对我下如此狠手！"

主人叹息一声道："果然是一头蠢驴呀！那天，人们跪拜的只是你背上驮着的神像呀！"

其实，职场中的许多年轻人何尝不是故事中的"驴"，他们总自以为是，觉得自己很有才华，所以动不动就抱怨连连，稍遇到麻烦就消极地撂挑子。直到离开后才明白：原来自己的光环都是公司给的，离开公司自己什么也不是。从某种意义上说，公司好比是驴身上驮的"神像"，个人所受到的尊重，很大程度上是因为我们背后的公司。尤其是那些跨国公司或知名公司的员工乃至经理人，他们的名声、社会地位以及荣耀其实都归功于他们背后的"神像"，公司的光芒照亮了他们的人生。

人生最大的不幸，就是一辈子不认识你自己。有时，离开平台，你有可能什么都不是！所以，身为员工的我们要时刻记住：公司是员工学习的平台、发展的跳板，是个人实现理想的舞台，它为个人的发展铺平了道路。所以，在任何时候都应该感激公司给我们的平台，并保持良好的心态，做好本职工作。

陈成是一家大型贸易公司的职员，他入职不到半年就想辞职。朋友问他："这么好的工作为什么要辞掉呢？"

他说："公司虽然名气挺大，但实际工资却不高。'驴粪蛋子表面光'，而且老板天天一副冷漠的表情，对我不闻不管，这样下去有什么前途呢？"

朋友听罢，劝解他说："你的抱怨是不无道理的，但是以我的经验来看，一个人在刚刚进入一个公司的时候，工资一般都不会很高，你的薪水和公司对你的重视程度都是随着你的业绩提升而逐步增加的。找一个大公司的意义不在于每月能挣几千块钱，而在于你能够在一个比较大的平台上展示自己的才华，并在学习中不断完善自己。"

接着朋友问他："你在公司工作了这么短的时间就要辞职，你把贸易公司的业务搞清楚了吗？你对这个行业有所了解吗？"

他回答说："刚进来没多入，只懂些皮毛而已！"

"如果你以后还想从事本行，那就踏实地干下去，至少得学点东西再出去。否则，你出去后未必能找到比这个更好的工作。"陈成听了朋友的建议觉得有些道理，于是就打消了辞职的念头，一改往日自以为是的姿态，踏踏实实地工作起来。

时隔数月，陈成和那位劝解他的朋友又一次见面了。朋友问他："那份贸易公司的工作辞了没有？"

他回答说："开什么玩笑？自从上次听了你的劝告后，我觉得公司确实是一个非常好的发展平台。所以，我就放弃了离开的想法。这段时间工作很是努力，也很辛苦。不过总算有了点起色，最近刚刚升职为部门经理。我现在明白了，工作就是为自己，公司的平台不能随便就放弃。"

陈成的经历告诉我们，没有不完美的工作，只有糟糕的自己。既然你觉得自己有能力，那么首先要懂得珍惜给你发挥个人能力的平台。只有在这个平台上踏实努力，你的个人才华才能产生价值，才能让你拥有自信感、自豪感，也才能提升你的社会地位。

在"厚积"后"薄发"：要相信努力的价值

职场中，你是否会因为职务没有达到自己的预期而心浮气躁？你可曾经因为付出太多但收获太少而倍感失落与困惑？你可曾经因为没被上司器重而牢骚满腹？你可曾在看到同等资历的同事或不如你的同事晋升、加薪而气愤不已？

其实，每个人都遇到过同类的事情，你会为此烦恼从根本上说是因为你不懂得延迟满足感。这里的延迟满足感，并非是让你懂得忍耐，去咬牙坚持，而是让你明白你的付出还远远不够，让你懂得努力的价值，具体是指，无论你处于怎样的环境，只要爱惜自己的生命，让自己每天都活出味道来，就要不懈努力，提升自我。这个过程是绝对确定的，只要持续性地付出努力与内心知识积累渐丰，终有一天能达成自己的目标。

在现实中，有些人看上去确实是一举登上成功之巅的，但如果你仔细研究他们的历史，你就会发现，他们在此之前就已经奠定了许多牢固的成功基础。凡成大事者，无不有过一个厚积薄发的过程。他们可能磨炼了许多，积累了许久，才最终赢得成功的那一刻的。

天上从来不会掉馅饼，世上没有空手可得的成功。你想要在职场上功成名就，就必须要经得起长久的付出与持续的努力。只有一个人的能力积累到一定的程度，他才能水到渠成地获得应有的成功，这是毫无疑问的。但是做到这些的前提是，你要确信努力的意义，坚信水滴石穿的正常规律与法则，拥有无限期延迟满足感的能力。

波卡翰是美国洛杉矶一家著名机械制造公司的员工，该公司在制造业领域有着极大的影响力，其技术已经达到了全球最高水平。很多科技人才都想到该公司发展。但都遭到了拒绝，因为该公司的技术部已经不需要人。越是如此，就越让人对该公司垂涎三尺。

同很多其他的求职者一样，波卡翰也在该公司每年一次的用人大测试上被拒绝申请。其实，这时的用人测试已经徒有虚名了。与诸多求职者不同的是，波卡翰并没有死心，他发誓一定要进入这家公司的技术部。于是，他采取了一个策略：假装自己一无所长。

打定主意后，波卡翰首先拜访了公司的人力资源主管，表达了自己对该公司的向往之情，"我愿意为贵公司提供无偿劳动，只要让我进入技术部，让我做什么都可以，我不会向该公司要任何报酬，并保证将工作做好。"波卡翰诚恳地说道。

人力资源主管起初感到不可思议，但考虑到不用任何花费，也用不着操心，于是便派他到车间去打扫车间的铁屑以及其他垃圾。一年来，波卡翰开始重复这简单且劳累的工作。这样做虽然得到公司领导以及工作者们的好感，但仍没有一个提到是否录用他的事情。

一天，公司有许多订单纷纷都被退回，理由均为产品质量出现小问题，眼看着公司将要面临巨大的损失。为了挽回不利的局面，公司董事会召开紧急会议要当场解决。当会议进行了很长时间却尚未见眉目时，波卡翰突然闯进办公室，说自己有办法解决这个问题。

在会议上，波卡翰把这一问题出现的原因做了令人信服的解释，并且就工程技术上的问题提出了自己的看法。随后，他意外地拿出了对产品设计的改造图。

波卡翰的设计非常先进，恰到好处地保留了原来机械的优点，同时也克服了已经出现的弊病。董事会的董事见到这个编外清洁工如此精明在行，便询问他的背景以及现状。波卡翰面对公司的最高决策者们，将自己的意图和盘托出。经董事会研究决定，将波卡翰收纳为公司技术部的一员。后来，通过自己的不断努力，波卡翰又坐到了副总理的位置。

原来，是因为波卡翰在清扫时，每天都会详细地观察技术部在各生产环节上的质量问题，并一一做了详细记录，发现了存在的技术性问题并想出了解决方法。为此，他花了近一年的时间搞设计，做了大量的统计数据，为最后一鸣惊人奠定了坚实的基础。

波卡翰是一个极为聪明的人，他知道金子早晚是会发光的。他有目标、有想法，并懂得延迟让自己立即发光的满足感和成就感，而是以一个极低的起点，让自己在不显山不露水的情况下，达成自己的目标，成为笑到最后的人。

每个在职场打拼的人，都希望自己能够早日出人头地。但可悲的是，很多人，尤其是年轻人根本不愿意延迟他们"早日出人头地"的满足感，所以在对待工作时总是疲于应付。他们甚至还会怀疑努力的价值，会认为："要做那么多事，坚持那么久才能成功，多不划算哪！"他们经常会抱怨自己怀才不遇，因此多年下来，依然一事无成，甚至在四十多岁的时候，还不得不与刚毕业的年轻人抢饭碗。

所以，在你觉得付出得不到回报的时候，千万要耐住性子，要静下心来修炼你的"内功"，等待厚积薄发时刻的来临。

要保持理性，列出一份清晰的职业规划很重要

在职场中，懂得"延迟满足感"的员工，会将自己的目标定得很高，对自己和工作的满意度都有极高的标准。无论在怎样的情况下，他们都不会轻言放弃，懂得克服短暂的困境来谋求长远的发展。你会发现，也许他们前两年变化得慢，但是几年后再看，肯定会非常不一样。

懂得延迟满足感的员工，对自我的发展都有着极为清晰的规划。正是有了这份规划，才让他们能抵挡住外界的种种诱惑，让他们不断地攀升到事业的巅峰！比如字节跳动创始人张一鸣，他在毕业时便对自己的事业有清晰的规划，于是他在毕业后六年时间，在公司里逐一地积累起了好的搜索技术、基础运算工具、信息分发能力和产品视野，才有了今日头条、抖音、火山小视频等爆款产品，才完成了从职员到CEO的升级。

"今日头条"成立不到一年的时候，有巨头送来非常诱人的投资Offer，张一鸣却拒绝了。在他看来这是一剂毒药，在头条产品没有大成之前，这会对内心力量造成很大的压力。

荷马史诗《奥德赛》中有一句至理名言："没有比漫无目的地徘徊更令人无法忍受的了。"网上曾流行这样一句话，是专门针对毕业后的大学生的："毕业后这5年里的迷茫，会造成10年后的恐慌，20年后的挣扎，甚至一辈子的平庸。如果不能在毕业这5年尽快冲出困惑、

走出迷雾，我们实在是无颜面对 10 年后、20 年后的自己。"多数人会在毕业的 5 年中迷茫，是因为他们没能准确地了解自己、认识自己，找准自己的发展方向，更无法给人生做规划了。

其实，在各个行业中，都有极为出色的人才，他们的存在，就是因为他们比其他人更早地给自己的人生阶段做了规划，设立了较为高远的目标。一个人仅有高超的专业技能是不够的，有职业规划的人才能飞在他人的前面，让人难以超越。

有的人只为个人生存而雀跃，目光总是停在身后，或者只满足于当下的利益中，三天打渔，两天晒网，有始无终，最终一事无成。

有的人却为发展而奋斗，目光总是盯在人生的正前方，每天进步一点点，坚持不懈，最终取得了巨大的成功。

郑波和刘涛都是热情、开朗的人，两人同时毕业于一所名牌大学的经济系，并同时进了一家外贸公司做普通的销售员。郑波很喜欢这份工作，在入职三个月后，就针对公司部门的实际职位构成，给自己做了极为详尽的职业发展规划，计划在一个月内熟悉市场，并拿下一个订单，获得留职资格。在两年内做到销售小组长的职位，五年内做到销售主管的职位，同时还有十年计划、二十年计划，不同的发展阶段都有不同的目标，还有极为详尽的实施计划和规划。每天都在为自己的目标而不断地努力前进，不断地给自己充电，考了英语证书，不断地提高自己的专业水平。在与客户沟通的过程中，也不断地总结，掌握了不同客户的心理特点，锻炼自己的口才，经过不断地努力学习，五年后，终于坐到了销售主管的位置，收入也比五年前提高了几倍。

而刘涛则每天只是为自己的生计而工作，并没有规划好自己未来发展之路。在工作一年之后，就结了婚，又购了房，生活的重压，使他无法脚踏实地地工作，其间，不断地更换工作，频繁跳槽，五年之后，一无所成，还在一家电子公司做着普通的销售，拿着五年前的工资。

有规划的人生是踏实的，是时刻充满希望和激情的，按照目标稳步前进的过程，不但丰富了你的生活，同时也带给你步步收获的愉悦，减少了失败的烦恼，或者与别人比较之后失意的喟叹。记住，在任何时候，你的事业都需要一份详尽的规划表。

有的人将自己的人生以十年为一个阶段进行了划分，比如 10～20 岁为人生的学习期；20～30 岁为人生的奋斗期；30～40 岁为事业的巩固期……将你的人生规划整理出来之后，你就可以清楚地看到实现人生梦想所要经过的途径。但是，这只是一个极为笼统的规划，你的人生没有几个十年。在这个基础之上再细化你的计划，可以细化到制订详细的读书和工作计划。比如，你是一个会计师，你可以这样规划，一个月内，熟悉操作公司的财务软件；三个月内，看完一本财务管理方面的专业书籍……目标应该清晰明了，要与现实生活密切相关，并且要在你能实现的范围之内。这样才能够脚踏实地、一天天逐步推进你的事业大计划。

顺风顺水者，大都敢于去主动承担责任

在职场中，延迟自我满足感能力强的员工，最重要的一个表现就是能主动承担责任。他们深知，员工的职责就是帮老板承担责任，通过解决问题来创造价值的，而不是通过草草应付工作，去赚取靠消耗自身时间换来的薪水。所以，这类员工总是能够获得老板的青睐。遇到工作难题，他们会通过"守护员工的基本责任"来通过延迟自我满足感去主动解决问题，然后创造价值。当工作出现差错时，很多员工的直接反应是逃避，他们会说"是因为我的上个工序的员工出现了问题，所以才导致我的工作出现了问题！""因为我团队的其他成员出现了差错，是他们拖累了我！"等等，这是通过找借口来逃避责任，从而使自己的心灵获得即时的放松感和满足感。而负责任的员工，则会直面问题和老板问责所带来的不适感与痛苦，通常情况下，他们会拍着胸脯说："这是我的失误！"或"这是我的责任！"要知道，敢于承担责任，是解决问题的基本前提。解决这些问题尽管能带来满足感，但他们会通过延迟这种满足感，让自己耐住性子去慢慢解决这些问题。

杰瑞和雷丝同是一家菜店的伙计，原本他们拿着同样的薪水。但是一段时间之后，杰瑞青云直上，又是升职又是加薪，而雷丝却仍在原地踏步，甚至面临被裁的危险。雷丝觉得自己每天都将工作做得很好，很不满意老板如此对待自己，便到老板那儿发牢骚了。

老板耐心地听完雷丝的抱怨，沉默了一会儿，说道："你现在到集市上去一下，看看有什么卖的?"

一会儿工夫，雷丝便从集市上回来了，他汇报道:"集市上只有一个老头拉着一车白菜在卖。"

"有多少斤白菜?"老板问道。

见雷丝摇摇头，老板又问:"价格呢?"

"您只是让我去看看有卖什么，又没有叫我打听别的。"雷丝委屈地申明。

"好吧，"老板接着说，"现在你到里屋去，别出声，看看杰瑞怎么说。"于是老板把杰瑞叫来，吩咐他去集市上看看有卖什么的。

很快，杰瑞就从集市上回来了，他一口气向老板汇报说:"今天集市上只有一个老头在卖白菜，目前共 200 斤，价格是六毛一斤。我看了一下，这些白菜质量不错，价格也低，我猜想您估计会喜欢，所以我把那人带来了，他现在正在外面等您回话呢。"

此时，老板叫出雷丝，语重心长地说:"现在你知道为什么杰瑞的薪水比你高了吧?"雷丝无语。

负责任的员工的工作核心就是创造价值，所以在工作的时候，他们不会得过且过地混日子，不会以"先享乐、后付费"式自毁式工作方法断送自我职业生涯，而是会深入工作中心，抓住工作核心，会以"先付出、后收获"式地让自己不断升值，在不断创造价值中获得机会。

美国钢铁大王安德鲁·卡内基在还未成功前，曾在宾夕法尼亚州匹兹堡铁道公民事务管理部担任小职员。一天早晨，他在上班的途中看到一列火车在城外发生了事故。此时，情况极为危险，但其他人还未上班，一时间，他不知道怎么办才好。于是就赶忙给上司打电话，却未能接通。

怎么办？怎么办？卡内基在心中盘算着。在这种十分危急的情况下，他明白只要多耽误一分钟，都将会对铁路造成极为巨大的损失。尽管负责人还没有赶来，但他也不能眼睁睁地看着悲剧发生。于是，卡内基便以上司的名义，发电报给列车长，要求他根据自己的方案快速处理这件事，并且在电报上面签下了自己的名字。他知道这样做严重违反了公司的规定，将会受到十分严厉的惩罚，甚至有可能被辞退。

几个小时后，上司来到自己的办公室，发现了卡内基的辞呈及其今天处理事故的详细情形。但是，一天过去了，两天过去了，上司一直没有批准卡内基的辞职请求。卡内基以为上司没有看到他的辞呈，于是，第三天的时候，他亲自跑到上司那里，说明原委。

"小伙子，其实你的辞呈我早已看到了，但是我觉得没有辞退你的必要。因为你是一个具有最优秀的职业精神的员工，你的所作所为证明了你是一个主动做事的人，因此对于能得到你这样的员工是我的荣幸！"

这完全出乎卡内基的意料，他万万没有想到对于那件事上司不但没有辞退他，反而还让他升了职。

在面对问题时，卡内基本可以不负责任地什么也不做地获得即时满足感，而他却愿意推迟这种满足感，冒着严厉的惩罚，甚至有可能被辞退的风险，主动承担责任，最终获得了意想不到的收获。

职场中，我们经常看到这样一种现象：老板交给员工一项任务，过不了多久，这个员工就去敲老板办公室的门，征求老板的意见，甚至告诉老板一个无法解决的难题。这样的员工在问题面前不是想方法去解决，而是想方设法去逃避。在他们眼中，问题就是地雷，谁踩到了，谁就要倒霉。因此，当问题出现时，他们就唯恐避之不及，总是找借口推脱来获得心灵上暂时的满足感。还有一些更"聪明"的员工就会直接推到老板身上，他们总以为只有老板解决的问题才是没有问题的。但是，你要明白，如果问题都被老板解决了，你的价值何在呢？老板雇你来干吗呢？

在任何时候，都不要忘记，老板不是你的救世主，也不是让你来发现问题的，而是来解决问题的。你与他的关系很是简单：一个出劳动力，一个出资本，双方资源整合，齐心协力，共同为公司的发展而努力。所以，在工作中要认清楚自己的任务就是想方设法通过延迟自我满足感去解决问题，而不是推托问题，甚至制造问题。

相反，工作中那些积极主动、能排除万难为公司创造巨大业绩的员工，才是老板最喜欢的员工。而昔日那种只被动地"听命行事"不再是优秀员工的典范，那些遇到问题后反复推脱的员工更不为时代所选择。

树立问题意识，别把问题留给老板，是一种积极主动的职业精神。这样的员工明白公司的事情就是自己的事情，他的职责就是要分担老板的任务，而不是给老板制造问题。这样的人总是在想："我能为老板带来什么？"而不是"老板能给我什么？"正是这两种不同的想法，造就了两种不同的员工——事业有成与一事无成。

第三章

高情商的本质，就是延迟满足感的能力

高情商的本质，实际上就是延迟满足感能力强的表现。在生活中，被人们常常认为的低情商的表现，比如"我这个人说话直，你别介意"，实际上无法延迟自己不吐不快的满足。比如一个人在失恋者面前强调自己的爱情多么多么地幸福，我们可以统称为"将自己的快乐建立在他人的痛苦上"的行为，实际上是无法延迟优越感带来的满足，你必须当场展现出"我强你弱"的心理满足感等。

要知道，无法延迟满足的反应就是即时满足，它所带来的问题是对不适感的耐受能力的下降。而对不适的耐受是走向成功的基石：要想拥有曼妙的身材，必须要耐受美食的诱惑，必须耐受运动锻炼所带来的酸痛不适感；想要掌握一项技能，必须耐受一开始拙劣的不适感。而延迟满足感能力弱的人，永远只关注当下的快感：面对无法解决的生活难题，他们不是积极想办法去解决，而是通过愤怒、抱怨的方式去逃避难题带来的不适感，同时还将这些负面情绪发泄到他人身上，将难题进一步扩大。比如在遭遇人生的挫败后，他们以颓废的方式待在个人营造的舒适圈中无法振作；面对昔日好友的强大，他们无法承受"自己不如别人"的不适感和压力，就通过贬损和侮辱他人的方式，以获得暂时的心理安慰；一个人在失意者面前，不停地强调自己的得意之处，我们可以统称为"将自己的得意建立在他人的痛苦上"的行为，实际上是无法延迟优越感带来的满足，所以迫不及待地展现出"我强你弱"的心理满足感……所以，要提升情商，那就先去提升延迟满足的能力吧！

坏情绪产生的根源：逃避"难题"带来的痛苦

不懂得延迟满足感或缺乏延迟满足感的能力，是一个人坏情绪产生的心理根源。我们知道，每个人的一生都是由一连串的"难题"组成的，这些难题包括生活、工作等方方面面，而人与人之间的差距主要表现在解决这些难题能力的高低。面对人生的种种难题，多数人的本能反应是：逃避！他们通过愤怒、生气、抱怨或指责他人的方式来逃避难题带给自己的不适感或痛苦感。有的人会将这些负面情绪独自吞咽下去，伤害自己的身心健康，而多数人又会将这些负面情绪宣泄在他人身上，随后又进一步激化了与他人的矛盾或冲突，进而演变出更大的痛苦或麻烦来！许多人的一生都是在不断地逃避难题和不断地制造更大的"难题"这个恶性循环中过完糟糕的一生！

星期天，张波与一位好友闲聊时谈及了另一位叫邓强的朋友。张波说："那个家伙什么都好，就是有个毛病，脾气太过暴躁、爱生气。"谁知，说话期间，邓强刚好路过，听到这句话，马上怒火中烧，立即冲进屋里，抓住张波，拳打脚踢，一顿暴打。

众人赶忙上前劝架说道："有什么话，好好说，为何非要动手打人呢？"而邓强则怒气冲冲地说道："此人在背后说我坏话，还冤枉我脾气暴躁、爱生气，所以就该打！"众人听罢，便说道："人家没有冤枉你啊，你现在的样子，不是脾气暴躁是什么呢？"邓强立即哑口无言，走开了。自此之后，邓强的周围再也没有什么朋友了，像他这种脾气暴，还不懂得悔改的人，也难怪大家都躲着他了。

现实生活中，类似于邓强这样的人不在少数。他们在人际交往中遇到了"难题"：脾气暴躁、爱生气，不受朋友待见。他的这个"难题"如果不及时解决，有可能会影响到今后的个人发展。但邓强听到朋友将自己的"难题"给指了出来，不想着以积极的方式去解决，而是将对方给暴打一顿，看似出了气，获得了即时的满足感，实际上这是在"逃避"问题。他不敢直面问题，积极地去解决这个难题，而是以"逃避"的方式让"难题"再度恶化，变成更大的"难题"，使自己的人缘差到了极致。我们可以想象，如果他继续逃避下去，那么他人生面临的困境可想而知！

从根本上讲，人的坏情绪产生的根源，都是无法延迟满足感的结果：即在人生"难题"面前的无所作为或无能为力。为了获得一时的满足感，以"逃避"的方式来处理难题所带给自己的痛苦。让难题进一步"恶化"，进而又一次激发出各种坏情绪。当我们看清了问题的本质，那么，在生活中，化解个人坏情绪便有了具体的操作方法。即当"难题"来临前，我们要先承认它的存在，先从心理上接纳这个"难题"。懂得延迟自我满足感，进而以主动积极的心态去想办法或付诸行动解决掉它们，你便能获得长久的满足感了。比如，上述事例中的邓强，当他听到朋友在背后议论他的"缺点"时，他应该先冷静下来反思自己是否真的有这个缺点。经过反思和自我审视后，如果觉得自己的脾气真的不好，那就应该积极去改正。如果没有这个缺点，那他大可以走进去对张波等一众朋友以打趣的方式说："看看，你们这帮人又在背后冤枉我了不是！我似乎没有发过什么脾气嘛！"如此这样，既可以化解尴尬，也可以让对方去反思自己的行为。

对此，下面事例中的小宋，就做得很好：

小宋刚毕业到一家数码科技公司实习，他的上司金某是公司的业务骨干，毕业于名牌大学，专业知识过硬，所以对新来的小宋这些普通院校的毕业生有点不放在眼里。平时，只让他们干一些无关紧要的活儿，比如打印文件、打扫会议室、给领导泡茶水等。这让小宋心里有些气愤，自己明明是来发挥才能的，却总被公司的这些琐事缠住。但是，作为新人，小宋只能先忍下这口气，他是个懂得延迟自我满足感的孩子。

他仔细分析了这件事的内在原因：之所以上司不给自己机会，是因为不信任自己的能力，因为上司不相信自己能将重要的事情做好！于是，他也有了解决之法：那就是无论上司分配给自己任何事，他都会接受，并竭尽全力将事情做到完美。

第二天，公司老总给了金某一堆资料，要求他做一本公司宣传册。金某为此叫苦不迭，想着要不要叫广告公司去做的时候，小宋居然自告奋勇说他想试试。为了做好这个宣传册，在金某面前展现自己的才能，他竟然熬夜到凌晨三点多钟，每个细节都精雕细琢。

第二天，小宋就把一个U盘交给金某，金某打开一看，一下子对小宋刮目相看。宣传册不仅设计得很有专业水准，而且还加了一些很精辟的语句。原来，来数码公司之前，小宋曾在学校做过版面设计的兼职工作。终于，一个月后，小宋终于受到金某的重视了，把重要的工作派发给他，小宋得到了很好的锻炼。一年后，他也顺利成为公司的业务骨干之一。

面对上司金某不信任这个"难题"，很多人会用愤怒、焦虑等消极心态去应对。而小宋则是直面这个"难题"。他先是接纳了这个问题是客观存在的，接下来，他仔细地分析了引起这个难题的原因，进而抓住机会在上司面前展示自己的才能，进而从根本上"解决"了这个难题，从而获得了"长久的满足感"——获得上司的重用，成为公司的骨干！

所以，在生活中，要从根本上化解你的负面情绪，就要像小宋那样懂得延迟自我满足感，进而去直面问题，具体你可以从以下几点出发去实施：

1. 直面难题，正视自身，意识到"难题"是一种生命过程，要把它当成一种心理上的磨炼，通过直面它们来锻炼自身的意志力，从而使自己的心灵力量得以强化，使你的心智得以成熟，使你应对困难的能力得到增强，而这些都是人生痛苦的根源力量。

2. 认识到难题不可避免，以及自身的各种弱点和缺陷，要承认和接纳自己的软弱和卑微，采取顺其自然的方式，乐观淡然面对困境，在力所能及的情况下，努力对自身处境做出改变，尽可能地减少困难对自身产生的影响，弱化痛苦给自己带来的伤害。

3. 有人可能会说，这个问题，我确实难以应付。实际上，只要你不是智力上有障碍，所有的问题只要去用心思考和学习，都能得到解决。

4. 冷静下来对"难题"进行分析和分解，找出解决它的具体方法或步骤，进而努力去实施，使难题得到根本性的解决。

高情商，就是不为别人的错误埋单

对生活难题的逃避，会为我们带来负面情绪。但是生活中，当你面对他人向自己袭来的负面情绪，比如生气、指责、愤怒等，低情商者总是难以抑制住被对方激发出的愤怒，选择"以牙还牙"的方式，以满足使自己心里爽一下的"报复"性的冲动快感，结果便触发了更为激烈的冲突或矛盾。很多人的人际关系就是在这样的心态下走向崩裂的。从根本上讲，这也是不懂延迟满足感导致的结果。

要知道，别人向自己袭来的挑衅、嘲笑或愤怒、指责等负面情绪，多是他们无法解决自己的人生难题而产生的，是他们自己的错误。而如果你被他们的行为激怒，使自己陷入负面情绪中无法自拔，或者进一步产生过激的行为，那就是为别人的错误埋单，是一种得不偿失的行为。所以，一个聪明的高情商者，在别人的负面情绪袭来时，会抑制住立即回应令自己心里爽一下的冲动，用冷静延迟一下个人的情绪反击，进而做出理性的回应。

今年刚从某外国语院校毕业的张博，能说一口流利的英文，而且听、读、写都很娴熟。因为他对自己的英文能力相当自信，因此便寄了许多英文履历到多家外商公司去应征，他认为英文人才是就业市场中的绩优股，肯定是人人抢着要。

然而，一周过去了，张博投递出去的应征信函却了无回音，犹如石沉大海一般。

张博的心情开始忐忑不安，此时，他却收到了其中一家公司的来信，信里刻薄地提道："我们公司不缺人，就算是有空缺职位，也不会雇用你。虽然你认为自己的英文水平很高，但是从写的履历上来看，你的英文写作能力极差，顶多也只有高中生的程度，连一些日常的语法也是错误百出。"

张博看了信之后，气得火冒三丈，自己好歹也是大学毕业生，怎么可以任人将自己批得一文不值。张博越想越气，于是提起笔来，打算写一封回信，把对方痛骂一番，以消除自己的怨气。

然而，当张博正要怒气冲冲地下笔时，却止住了。他觉得别人这么做肯定也是有原因的。也许自己真的太自以为是了，的确犯了一些自己觉察不到的错误。于是，他就静下心来又仔细地看了那篇英文简历，反复确认后，除了有一处标点失误外，没有其他任何错误。后来他又想，对方发这么大的脾气，可能是他最近经历了什么不开心的事情，要冲自己发火吧！比如，最近工作压力太大、家里遭遇了不幸的事情……想到此，他就释然了，自己的火气也顿时消了。接下来，他心平气和地坐下来给对方回复了一封感谢信，感谢他能在百忙之中看完自己的简历并且给自己回信，并说明了自己的文章中的标点符号错误，用字遣词诚恳真挚。

几天后，张博再次收到这家公司寄来的信函，他被这家公司录用了，理由是：任何一个懂得反省自我、有延迟自我满足能力的人，都是无敌的。

面对他人的责难、挑衅或嘲讽，用以牙还牙的方式回击过去，心里的确能获得一时的"爽快"之感，但最终造成的结果就是：与对方大动干戈，大打出手，使两人的关系彻底决裂。接下来，还会使自己被无休止的负面情绪纠缠，内心久久难以平静。而如果你能延迟那一时的"报复"带给自己的快感，让自己冷静下来去面对对方，奔着去解决当下问题的方向去做回应，那么，很多恶果便会避免了。

其实，生活中类似的事情屡见不鲜，但是真正能像张博那样从容智慧地将怒气化为向上力量的人却少之又少。下级犯了错误，上级很生气，脾气火暴，声色俱厉，到头来损害的只是自己的健康，伤的也只是自己的心；因小事与爱人发生争吵，烦闷憋屈，愤愤不平，最后伤的其实也是自己；与朋友发生摩擦，怒气中烧，甚至互相攻击，最终既浪费了精力又伤到了自己……对方犯的错误应该受到惩罚，但不要通过让生气去回击，那样只会害人害己，得不偿失。所以，我们在认清现实后，就要勇于避开这种愚蠢的行为，换一种方式去处理，那么你收获的不仅是宽广的心胸、宏大的格局，还有让人肃然起敬的人品。

为什么幸运的人总幸运，倒霉的人总倒霉

生活中，多数人面对难题时，以"逃避"的方式回应，因而使他们经常陷入"负面情绪"中挣扎不已。而生活中，还有一种人，在面对人生"难题"时，为了获得即时的满足感，会选择以"甩出责任"的方式去处理。他们认为，造成这些"难题"的根本原因不在自己，而在周围的人或周围的组织，觉得是别人拖了自己的后腿而造成当下的局面。于是，他们总是用喋喋不休的抱怨来缓解或规避暂时的痛苦。

比如，一个人在单位裁员时不幸下岗了，他因为无法直面这种"痛苦"，于是就开始推卸责任，他认为造成这种糟糕状况的原因不在自己，而是怪单位领导不够仗义，怪社会太不公。于是，他逢人便抱怨自己现状的不如意，全是别人的错，而从不去反思自己被裁的原因和如何去解决当下的困境。于是，他的人生大都在抱怨和指责中"倒霉"地度过。

实际上，消除抱怨、指责等负面情绪的关键在于：以延迟满足感的方式直面难题所带给自己的痛苦，勇于承担起属于自己的人生责任，以积极、乐观的心态去着手解决问题。为此，在面对难题时，个人是否懂得延迟自我满足感，是否积极、乐观便构成了幸运与不幸的分水岭。

刘东和赵展同时毕业于一所普通大学的经济系，并同时进了一家外贸公司做销售员。刘东是个积极的人，入职三个月后，就针对公司部门的实际职位结构，给自己做了极为详尽的职业发展规划。同时，在工作上也表现积极，遇到难搞的客户，总是会直面难题，懂得延迟自我满足感，耐心地去分析客户的个性特点，并整理有效的素材，想办法去说服。一年下来，刘东取得了"部门销售冠军"的良好业绩，正式被领导考虑为公司的支柱型人才。两年后，刘东正式擢升为销售部门经理，随后，他又被一个客户挖走，到一家有实力的大公司做主要负责人，好运不断。

而赵展却不同，个性要强，但面对难搞的客户，总是爱推卸责任，觉得都是客户太蛮不讲理，觉得都是同伴办事失误拖了自己的后腿。他推卸责任的目的就是想让领导知道：他能力是很强的，如果不是别人拖他后腿，他本可以拿下那些单子。刚开始的几次，这种方式确实让他获得了暂时的满足感，得到了领导的谅解。但是次数一多，领导觉得他是个爱找借口的家伙，遇事总爱怪别人，从不反思自己。就这样，不到半年的时间，他就被公司给辞退了。接下来，他又开始找工作，再找工作……不到三年时间，他换了五次工作，成就没有，却积聚了满腹的牢骚，逢人就抱怨。

刘东和赵展的经历，恰巧就说明了"幸运的人总幸运，倒霉的人总倒霉"的内在原因。刘东遇到难题，懂得延迟自我满足感，会直接去承受和承担责任带来的痛苦，然后想办法去解决，进而最终获得了长久的自我满足感，即获得不断的成长和晋升。而赵展则不同，总想着推卸责任，看起来是获得了暂时的满足，获得了领导的谅解。但时间一长，则让人生厌和反感，进而断送了自己的职业生涯。

遇到难题，总想着去逃避，逃避本该属于自己的责任，因为一时的逃避真的能让人暂时脱离痛苦，给人带来即时的满足感。但难题并不会因为你的逃避就会消失，它仍旧会像山一般地横亘在我们面前，进而给我们带来更大的痛苦，这是造成人产生坏情绪的根源所在。而很多人就是看不明白这其中的道理，所以不断地在悲观、消极与悲苦中重复自己的生活。而解决这一问题的根本方法在于直接去拥抱难题和痛苦，并且勇敢地站出来对自己说："这是我的问题，还是由我来解决！"然后再寻求解决之法，从而让自己脱离真正的痛苦，让自己获得成长和机会，获得真正的满足。

颓废的根源：对即时的舒适感太过迷恋

面对生活难题，有些人选择逃避，有些人选择推卸责任，还有一些人则是感觉自己无法应付它们或者难以改变现状，便因此产生恐惧、无助感和自我怀疑的情绪。他们觉得自己没有能力承受这些，甚至在困难面前，他们感到乏力，从而自暴自弃。久而久之，他们甘愿放弃自己的力量和智慧，就只能在消沉、颓废中度过自己庸庸碌碌的一生。尤其是那些经历过生活或事业重大"挫败"的人，这些大的挫败击垮了他们的自信，让他们甘愿躺在"失败"后的状态中一蹶不振，因为这种"一蹶不振"的状态能让他们获得暂时的舒适感、满足感以及安全感。所以，当生活难题再次袭来的时候，他们甘愿沉陷其中，以逃避痛苦。从这个意义上讲，一个人之所以难以从挫败中爬起来，与其说是丧失了自信，不如说是他在经历了大悲大痛后太过于贪恋消沉、颓废状态带给他们的满足感、舒适感以及安全感。

有一只小猴子，肚皮被树枝划伤了，流了许多血。它见到一个猴子朋友便扒开伤口说，你看看我的伤口，可痛了。每个看见它伤口的猴子都会给予它安慰和同情，并且给予它拥抱，同时还告诉它不同的治疗方法。于是，这只猴子因为太过贪恋这些来自同类的安慰和同情，所以总是继续给朋友们看伤口，继续听取同类的意见，后来它便因为伤口感染而死掉了。一位老猴子很是遗憾地说，它不是因为伤而死掉的，而是因为内心太过缺乏关爱而死掉的。

这只小猴子的确是因为缺乏关爱而死掉的，它的伤口为它招来了同类的安慰和同情，它沉浸其中无法自拔，而从不想着给伤口上药让它痊愈，最终因感染而死。其实人也有同样的心理，总是贪恋即时的舒适感、幸福感和满足感，总是愿意用"创伤"去获取这些，而忘记为"伤口"上药。

二十几年前，刘勇经历了创业失败，在赔光了家里的所有积蓄后，便开始一蹶不振，整日消极、颓废。两年后，经人介绍，他到了一家不太景气的国企上班，每月只有几百块钱的工资，即使省吃俭用，日子依然过得捉襟见肘。几年过去了，他们一家三口就局促在一间不足十五平方米的单身宿舍里，除了一台25寸的彩色电视机外，家里几乎找不到一件值钱的东西。

面对这样的困境，他也曾抱怨过，也曾想过另谋出路。可是，一想到那次创业失败带给自己的惨痛经历，他就退缩了。毕竟现在还能勉强过得去，并且单位买了"五险一金"，将来老了有一份保障。而自己除了做车工，又能干什么呢？弄不好，连一家人的温饱都无法保证。左右掂量，他还是贪恋当下的安稳状态带给自己的满足感，于是继续维持着当下的生活。

平常，尽管他嘴上抱怨着，心里诅咒着，但他还是日复一日、年复一年地从事着手头的工作。他想，只要自己努力工作，好好表现，将来评了职称，就能涨工资。等攒够了首付的钱，就可以按揭一套商品房，再简单地装修一下，就能过上比较舒适的生活了。

然而，天不遂人愿，就是这样一个小小的梦想也无法实现。2001年，由于企业经营不善，亏损十分严重，单位不得不裁减人员，以缓解眼前的危机。不幸的是，他被列在了第一批下岗人员的名单中。下岗，这对一个上有老下有小的人来说，无异于晴天霹雳。为了不失去这份工作，他拿出仅有的一点积蓄，买了两瓶好酒，一条好烟，来到领导的家里。他苦苦地哀求领导（就差没给领导下跪了），希望领导能体恤一下他的困难，并将他留下来。领导听后，无可奈何地说，我也没办法，如果不裁员，厂子就保不住。最终，他好话说尽，但还是没能保住这个工作岗位。

那天，他失魂落魄地回到家里，仿佛天塌下来一般，绝望到了极点。他不敢想象失去唯一的生活能源后，以后的日子会是怎样一种凄惨的光景。那段时间，他感到特别失落，特别迷茫，特别恐慌，不知道未来的路在何方。当然，痛苦归痛苦，无助归无助，日子还得继续过下去。后来，他也想明白了，这些年不死不活地在那家工厂强撑着，他也早就受够了那种碌碌平庸的生活，也许是该积极地拥抱"改变"的时候了。于是，他开始积极地面对现实，拥抱这种突如其来的改变，另寻其他出路。没过多久，他和妻子背上行囊，去了广东打工。

让人意想不到的是，十年后，昔日走投无路的下岗工人，不仅解决了温饱问题，还有了豪华别墅，高档轿车。如今，他已是一个集团公司的老总，旗下拥有五家企业，资产达到数十亿元。每每忆及往事，他总是感慨万千，如果不是当初所在的企业裁员，恐怕他现在还是一个碌碌无为的技术工人，过着充满牢骚与抱怨的生活。

实际上，平庸与失败背后的推手，从来不是别人，恰好是我们自己。人生最大的敌人根本不是挫败感，而是我们那颗过于贪恋平淡生活为自己带来的即时满足感的心。就像张勇一样，当你开始拥抱"改变"，打破当下的舒适区，打破原有的满足感和安全感，那么，你的心灵便有了力量。从根本上讲，一个人是否能从挫败感中走出来，关键在于看其是否能够接纳"挫败"所带来的痛苦，然后延迟自我满足感，从挫败中汲取营养，从而为了获得更大的满足感而奋斗。如此一来，你的心灵便能重获力量。

焦虑产生的根源：期待问题立即得到解决

在生活中，很多人都有这样的心理倾向：难题一出来，就期待立刻解决掉，以期待获得安全感或满足感。否则我们就会陷入思维烦乱、寝食难安的状态中，就生出无尽的焦虑来。要知道，这样的想法显然是不切实际的，要知道，很多难题尽管无法回避，但要想解决掉它，是需要一些时间和耐心的，这时候，我们就要懂得延迟自我满足感，冷静下来一步步地有耐心地用行动去解决问题，便能避免使自己陷入焦虑中。

晓莉是某著名公司的管理人员，在公司工作的4年中，领导对她的评价是：思维敏捷，办事麻利，工作能力极强；而同事和下属对她的评价却是：不够宽容，激动易怒，做事手段太强硬；领导与同事对她的评价有如此大的不同，还源于她急躁的性格。

在公司内部，只要是上级部门向她下达工作任务，她总能够提前完成工作任务，为此，她总是能得到领导的表扬。但是，为了提前完成工作任务，她对下属的要求却是十分苛刻的，明明需要三天才能完成的任务，她却要将工作任务压缩到两天，不仅把自己搞得焦头烂额，也让那些去执行任务的员工手忙脚乱，精神压力甚大。同时，如果哪个环节出了问题，拖延了时间，她不仅会大发雷霆，而且还会扣除相关员工的月奖金，让她的下属都苦不堪言。

对此，她也有自己的理由："我其实也不想把大家搞得那么紧张，但是我就是忍受不了那种慢吞吞的样子。……在公司里，我自己从不甘心自己落后，一看到那些效率低下的员工，我就会不由自主地发脾气……对此，我也十分苦恼，我平时的工作压力大极了，头痛、失眠、焦虑经常伴随着我，而且整个人经常会莫名其妙地处于焦躁不安之中，动不动就想发脾气……"

生活中，多数人的焦虑都是如晓莉一般，他们遇到工作或生活中的"难事"或"问题"，总是想着急于去将之解决掉，以获得即时的满足感，比如上司的表扬、他人的夸赞与敬佩等，但是很多问题并不是一蹴而就就能得以解决的。要消除这种焦虑，主要的就是培养自己的耐心，让自己遇到问题能冷静下来，想好或者列出解决问题的具体方案或方法，再逐一去实施。

在生活中，我们是否也会这样：只要有任务或者有事情等着自己去做，就会马上动手去做，既不认真准备，又无周密计划。遇到烦琐的事情恨不得来个"快刀斩乱麻"，一下子就想把问题解决，问题一旦解决不了，又会产生挫败感，心神不宁。这时候，也时常听不进去别人的意见与建议，时常会对提意见或建议的人大发雷霆……自己的神经好像上紧的发条，仿佛永远无法平静下来！

这时你要告诉自己：我是可以平静下来的。这时候，你只需舒缓自己的情绪，只要心中静静地默念：好，好，慢一点，不必急。并努力让自己心平气和地坐下来，放松神经，不刻意去思考什么内容，尽量使自己的思维维持在一种似有似无、天马行空的感觉里，或者集中精力听一种声音，比如钟的嘀嗒声。等精神松弛下来后，然后随意控制自己的心理活动，还可以想象事情发生的场景，将自己置身其中，最终找到更好的处事方式。

同时，要相信，耐心是可以培养的，不要对自己要求过高，也不要过分地苛求他人，理性而积极地认识自己，这样才能让自己做出正确的选择与判断。做事情时，一方面要有计划，另一方面计划又不可过于完备，要预留自由度。俗话说"计划赶不上变化"，一个真正周到而有耐心的人，要善于在坚持自己的原则下灵活地变通，这样才能让自己在平静的状态下，有条不紊地达成自己的目标。

嫉妒的本源：通过打压别人来获得暂时的心理安慰

星期天，张杉去参加一个同学会，见到了许多年未见的同学，很是高兴。但是，在中场休息她去厕所方便的时候，听到两位女同学在谈论她，说张杉自小学习就不怎么好，现在全身都穿着大名牌，长得也漂亮了不少……她能过上那么舒服的日子，肯定是先花钱去整了脸蛋，然后再找了个有钱的男人……对哦，那些衣服肯定是哪个男人施舍给她的，她年纪轻轻的，哪有本事买得起那样的包包……这时候，张杉突然开了门，从厕所里走了出来，边补妆边说，你们说的这些事我怎么都不知道呢，有哪个男人会争着抢着给我买包买衣服啊？那两位同学，露出极为尴尬的神色，赶紧溜掉了。

实际上，张杉的学习底子确实不怎么好，但她却异常努力。大学毕业后，她一方面加紧学习营销，另一方面保养和打扮自己。如今的她完全靠自己开了一家服装批发大卖场，生意做得风生水起。

实际上，在生活中，我们都有过类似于张杉的境遇：与同学、朋友相聚，过得稍微好一点，就会遭到别人的"非议"。而那些嫉妒者，都有一个共同的特点，那就是对他人的不认可。看到别人过得好，他们心里就会有说不出的失落感。他们不是不希望别人过得好，而如果别人过得太好，比自己强得太多，那他们就难以接受。这是因为，别人太强，只能彰显出自己太弱。于是，他们就会以"非议"的方式来打压别人，以获得即时的心理满足感和安慰。

要知道，每个人的人生都不会停留在某一个固定的阶段，人与人之间的优劣点也不尽相同。人生跑道上呈现的是不停地相互超越，学校生活你可能领先于人，社会现实中你就有可能会被人远远地甩开。人生是一场马拉松式的比拼，暂时领先的人，未必就能最先抵达终点。在认清了这个现实之后，与其嫉妒旁人，靠冷嘲热讽式地打压别人获得满足感，不如学着延迟这种满足感，让自己静下心来正确地评估自己，将自己的优势发挥到极致，奋起直追，成为强者。

据说，哥伦布历尽艰险发现美洲新大陆回到西班牙后，女王为了奖赏他特地为他摆宴庆功。

在酒席上，当时许多王公大臣、名流绅士都瞧不起这位没有任何爵位的哥伦布，而且由于嫉妒他所做出的贡献而纷纷出言讥讽。有的说："有什么了不起的，换成我出去航海，一样也可以发现新大陆。"有的说："驾着船，只要朝一个方向航行，不转弯，就一定有新发现！"有的说："这么容易的事情，女王还给他如此高的奖赏，真是不服！"

这时候，哥伦布则从桌上随手拿起一个鸡蛋，笑着问那些讥讽自己的人说："各位令人尊敬的先生们，你们有哪位能让这个鸡蛋立起来呢？"

于是，那些内心充满嫉妒而又自以为能力超群的王公大臣，都开始纷纷试着将那个鸡蛋立起来，但左立右立，站着立坐着立，想尽了办法，无论如何也立不住一个椭圆形的鸡蛋。

"哼！我们立不起来，你也别想将它立起来！"大家就纷纷把目光盯向了哥伦布。

只见哥伦布不慌不忙地用手拿起鸡蛋，"砰"的一声往桌子上磕了一下，蛋头破了，鸡蛋便牢牢地立在了桌子上面。

众人一看，便纷纷骚动了起来，嚷道："这谁不会呀！简直太简单了！"哥伦布则微笑着对众人说道："是的，这当然很简单，但是，在这之前，你们为什么就想不到呢？"

哥伦布一语便道破了这些王公大臣们嫉妒的心情，他就是要告诉他们：与其浪费时间去嫉妒别人，还不如静下心来想想自己能做什么！"

越是对自己能力缺乏信心的人，越是不愿意承认别人的能力。很多时候，嫉妒就像心灵的一剂毒药，而解除这剂毒药的最好办法就是相信自己，只要将自身的优势发挥到极致，并能冷静地克服自己的弱点，也能做出让人艳羡的成就来。所以，化解嫉妒的最好办法，首先就是要承认自己的不足，并且相信每个人都是可以改变的，每个人都可以通过努力变得更好。要超越别人，首先要超越自身，要将内心的嫉妒化为一种激发自己潜能的竞争力，坚信别人的优秀并不妨碍自己的前进，相反还给自己提供了一个竞争对手，一个学习的榜样，给自己以前所未有的动力。事实上，当你真正埋头去专注于你的事业的时候，你就不会再有时间或精力去嫉妒别人。

要知道，非凡的成就并非是某个人的专利，它属于每个人，要用欣赏的眼光去看待比自己在某方面强的人，不要让狭隘和烦恼侵袭自己的心灵，让自己丧失了一种高尚的气度和修养。如果自己不能拥有，那么就快乐地欣赏别人的拥有，不要让生活变得暗淡起来，不要因为不如别人就显得落魄和沮丧，上帝对每一个人都是平等的，要用一颗平常心去面对生活中的功名利禄。千万不要让嫉妒的蛇钻进我们的心里，这条蛇会腐蚀我们的头脑，毁坏我们的心灵。如果我们能将嫉妒的心情转化成激励自己的动力，那么我们或许将会在下次自己成功时，就能亲身体验到遭人嫉妒的感受。

别让急功近利毁掉你优良的人际资产

经过几年努力，刘磊终于从名牌大学顺利毕业。但是毕业后的他，找工作却没那么容易。前前后后投了几十份简历，都没回应。这让他陷入了苦恼中，因为他真的急需一份好的工作，来扭转家里窘迫的经济状况。他是西北农村走出来的孩子，几年大学不仅花光了家里的所有积蓄，还让父母背上了沉重的债务。

那段时间，他在苦恼之余，经常与同学小聚。一次，在与一位同学喝酒时，结识了同学的表哥，是一位早年创业的成功人士，认识很多有头有脸的创业精英的罗枫。这让刘磊很开心，想让他为自己介绍一份工作。于是，自那天他加了罗枫的微信后，便开始不断地联系对方，试图让他帮这个忙。可刘磊学的是土木工程学，而刘枫从事的行业都是软件类的，虽认识的人不少，但多数都是本行业内的人，要帮他必须要动用其他朋友的关系，于是，他告诉刘磊必须要等一段时间才能给他消息。可心烦意乱的刘磊根本不管这些，他把罗枫当成了"救命稻草"一般，不再投简历，每天一闲下来就会发了疯似的给罗枫发消息，让对方烦不胜烦。罗枫本来是想帮他，但看到他这样急不可耐，便将他的微信给拉黑了。

对于刘磊来说，罗枫应该是他的优质人际资产，他若能好好珍惜，有可能为他的人生创造产能，但他却因为不懂得延迟自我满足感，太过急功近利而将这笔资产给毁掉了。与人交往，切勿急功近利，懂得无限期地延迟自我满足感是强者的法则，他们结交强者，并不会像刘磊那样拿来立即投入"使用"，最终将"贵人"给吓跑。而是会延迟满足感，小心地维护，用礼貌、诚信、仁慈等品质为他们的"人际账户"持续性地投资，在这其中，他们会仔细地观察他们的言行、为人法则、思维方法等，并从中汲取到对提升个人有用的"营养"为回报。

人与人之间都是有情感账户的，当你储存的是增进人际关系的信赖、礼貌、诚实、仁慈和信用时，你的账户存款就会增加。而如果你储存进去的是急功近利式的利用、威逼、失信或者批评、指责时，你账户的余额就会不断地降低，到最后甚至可能会透支，这时你的人际关系就会亮起红灯。实际上，越是持久的关系，越是需要不断地储蓄。

生活中，如果你在人际交往中抱着以下急功近利式的三种目的，那么你的人际账户便难以有余额甚至会透支：其一：结交某个人完全是为了在极短的时间内建立"能帮忙""能帮我获利"的关系；其二，快速地结交比自己实力强的人物；其三，抱着牟取暴利、参与不正当竞争而去认识某些人等。如果你怀着以上三种目的，那么，你会发现周围很多朋友都会快速地远离你，你也难以通过朋友的相助而为自己的人生价值加码。真正的强者，会将结交他人看成人生的一种乐趣、一种习惯。他们结识他人的目的是分享自己的人生经验、思维模式，提升个人视野和见识，互享优质的信息等，并从中创造出更多的机遇。

如果一个人总是抱着急功近利的态度去交际，只会使自己变得越来越不受欢迎，路也会越走越窄。尤其是很多走上社会不久的年轻人，因为急于求成，总会十分积极地参加各种聚会，想通过结识更多的人而获得更多的机会，却忽略了对人际进行投资。

一眨眼毕业都快六年了，这一天柳惠突然接到老同学张梅的电话，这么久，突然接到老同学的电话，柳惠心情还是蛮激动的。在电话中她们聊得很是开心，并且还约好周末一起用晚餐。柳惠对这次聚会很是渴望，希望能与张梅一起重温学校时代的美好回忆。

但到了现场，柳惠吓了一跳。原来张梅在饭店里早就订下了一个包厢，请了很多人，里面有柳惠认识的，多数不认识的。她请这些人的目的是参加她的保险产品推介会。柳惠看张梅手举广告牌，滔滔不绝地向大家介绍她的产品，有些难受。她没想到，昔日的同窗好友竟然会把自己带过来推销自己的保险产品，有一种被欺骗的感觉。她想：同学之间的关系竟然也变得这么功利，难免有些心凉。

聚会后，张梅过去和柳惠打招呼，并且拼命地向她推销自己的保险产品。柳惠对此无动于衷，在离开的时候对张梅说，希望她不要用这种方式招揽生意。柳惠虽然讲得委婉，但张梅的反应却极为激烈："我又没做错什么啊！请你们过来白吃白喝，又没强迫你们买我的产品。我本来只想跟你聊聊天的，只是我工作太忙了，想稍带一下啊！"

无论是新结识的朋友还是昔日的旧友，切勿以急功近利的心态从中获取"实际利益"，否则，你也只可能会人财两空，比杀鸡取卵更严重。对于自己的亲朋好友，在日常接触时，也不要太过于频繁地推销产品。只需诚恳地告诉亲友们，如果有需要的时候，你很乐意为他们服务，然后保持密切的联络，等他们有需要的时候，自然会首先想到你的产品和服务。

伤害朋友的人，必然失去朋友。如果失去了金钱，你可以再挣回来。而失去了亲朋好友的支持和帮助，你就真的一无所有了。有些以急功近利心态太过刻意"利用"朋友换取利益的行为，看似一时获利，但最终都难逃失败的下场。因为他们的行为会让其失去人与人之间最有价值的东西：信赖感。

失意时不抱怨，得意时不炫耀

在人际交往中，经常会遇到两种因不懂延迟自我满足感而产生的低情商行为：第一种是：在个人失意的时候，大肆地向人倾吐怨恨之语。受了委屈，憋着着实不舒服，于是总想向他人倾吐出来才能让自己稍稍"爽"一些。从根本上讲，他们是无法延迟这种舒服的感觉，所以给自己的人际带来"伤痕"。周围的人觉得其身上是满满的负能量，谁愿意去接近这样的人呢？

第二种是常在个人得意时四处炫耀自己的得意，尤其会在失意者面前。比如，在失恋者面前炫耀自己的幸福人生、美好生活；在一个经济窘迫者面前炫耀自己的富有；在失业者面前炫耀自己是如何得到领导的赏识或者升职加薪之事；在失败者面前炫耀自己事业的成功……一个人在失意者面前，强调或炫耀自己的得意之处，我们可以统称为"将自己的快乐建立在他人的痛苦上"的行为，实际上是无法延迟优越感带来的满足，所以迫不及待地展现出"我强你弱"的心理满足感。

张俊是某公司的销售人员，有极强的工作能力，于是，每当与周围的朋友谈及他的工作业绩时，得意之情就溢于言表。

有一次，张俊与几个客户在一起吃饭，一则为了加深感情，二则想与这些客户探讨一下下一步的工作安排，看是否有合作机会。

刚开始，大家聊得很开心，但是酒一下肚，张俊就口不择言了，加上自己刚拿下了一个大订单，忍不住开始大谈他的捞钱经历和销售"功绩"。

然而，在场的一位朋友是公司的销售经理，看到张俊滔滔不绝，面色极为难看，低头不语。一会儿去洗脸，一会儿假装去厕所，最后饭没吃几口，就找借口提前离开了。原来，李经理因为销售业绩下滑，刚被降了职。

后来，张俊自己也感觉到李经理对自己的态度冷淡了许多。两人关系日渐生疏，到最后也慢慢地与张俊断绝生意上的来往了。

生活中，很多人都会遇到过如张俊这样的人：心智不够成熟，遇到一点"喜事"，便将得意之情溢于言表，大肆地炫耀自己，根本不会顾及周围人的情绪和心情，最终得罪了人还不自知。这是无法延迟个人满足感所带来的低情商行为。

对于在人际交往中，不懂得延迟自我满足感的人，要谨记两点：

在失意的时候一定要管住自己，别随意发泄自己的怨气。要知道，抱怨非但不能解决你的任何问题，还可能让你暴露更多的问题。在众人心中，怨天尤人表示你心智浅薄、缺乏自信，更没有独立面对困难和逆境的勇气。向自己的同事发牢骚可能会招致更糟糕的结果，要知道这世上没有不透风的墙，一传十、十传百，你不经意间说出去的话，总有一天会传到你的牢骚对象的耳朵里。同样，在得意的时候，也不要有傲气，至少不能无所顾忌地表露自己的傲气。傲气的人是不受欢迎的，甚至还可能招致别人的妒忌，把自己变成众矢之的。尤其是当你并不是不可替代的话，是很可能会被自己的上司所牺牲掉的。

被奉为"职场教科书"的电视剧《潜伏》，给人留下了深刻的启示。其男主角余则成则是一个城府极深的人，在任何的关键时刻，都能够延迟自我满足感，极好地控制好自己的情绪。在敌营初遇左蓝时，为了不让自己露马脚，遭人怀疑，他抑制住了自己内心的激动与欣喜；在左蓝牺牲时，他曾陷入极大的悲伤中，但是他却在几秒之内整理好了心情，再见李涯时绽露自己的笑容。正是他的这种"失意不快口，得意不快心"做法，告诉我们为人处世应将大志藏于沉稳之中，时刻不能因眼前的利益、得失而迷失大局。而与他不同的几个同事，因为缺乏延迟自我满足的能力，最终招来了祸端。李涯的锋芒毕露，让他头破血流；陆桥山的嫉贤妒能，被李涯反咬一口；马奎不懂伸缩，更是被误认为是共产党。而余则成与他们相安无事，正是懂得忍耐的结果。

一位哲学家说：人生有两种境界，一种是痛而不言，另一种是笑而不语。富有智慧的人，在失意的时候，不会有怨气，即便有怨气，也不会喋喋不休地用自己的委屈和不满去换取别人的同情，他们会打碎牙咽到肚子里后默默地为自己疗伤。因为他们懂得，只要把失意藏于心，才能励精图治，获得长久的发展。在得意的时候，也绝不会因为贪图一时的虚荣将自己的荣耀公之于众，更不会像急性者那样扬扬自得地将自己的丰功伟绩大白于天下。而是懂得低调做人，在别人说起其丰功伟绩时也会用谦虚之言将之敷衍。因为他们知道，痛苦、患难可以与共，荣耀却只能独享，因为张扬的荣耀，就是滋生嫉妒和愤恨的温床，也是让你成为众矢之的的基本诱因。今天满脸真诚地向你表示祝贺的人，可能就是等着你在明天失意之后落井下石之人。只有把失意藏在心中，在职场上才能一帆风顺。

再好的友谊，也经不起"直言"的摧残

生活中，还有一种因缺乏延迟自我满足感能力而使人际关系经常亮红灯的行为：说话太直。他们遇事总是想通过口头的发泄来使自己获得心理上的满足感或安全感。所以，他们很容易口不择言，滔滔不绝，最终自己爽了一把，却因为得罪了他人而给自己招致各种各样的麻烦和祸端。当然，这也是无法延迟不吐不快的满足感而结出的"恶果"。

这样的人，有可能重情重义，愿意为朋友赴汤蹈火，只是因为不懂得延迟自我满足感，经常口无遮拦，脾气又大，难免会伤到和气。可是他们却错误地认为对于亲密无间的朋友，话说重点没关系，因为彼此有着牢固的情谊，是可以互相包容和理解的，于是肆无忌惮地用

最难听的话刺激与自己关系最密切的人，殊不知那些恶毒之语犹如插向朋友心头的一把把尖刀，所造成的伤害往往是难以修复的。就算朋友心胸开阔，能够忍耐宽容，可是伤痕依旧在，双方的感情已经有了裂痕，即使冰释前嫌，也不可能和好如初。如果朋友是个敏感之人，一段来之不易的友谊就会毁于一旦，多少志同道合、肝胆相照的知己好友就是这样决裂的。

李锦和杨勇是一对非常要好的朋友，两人在一次产品展销会上一见如故，此后互相畅谈人生理想，彼此勉励，友谊日益增进。后来他们成为关系密切的同事，在艰难的岁月里，两人曾经荣辱与共、同舟共济，一起吃盒饭，一起熬夜加班，无论一方有什么困难，另一方都会毫不犹豫地施以援手。他们曾经认为这样铁的友情是永远拆不散的，可是现实却给了他们相反的答案。

李锦性格爽直，冲动时口不择言，想说什么就说什么，杨勇就是认为他不做作才愿意与其深交的，可是后来才发现自己越来越忍受不了李锦的怪脾气。杨勇生性敏感，自尊心强，他很在意别人对自己的看法，尤其是好朋友的看法。他一向尊重李锦，也珍视两个人的友谊，可是李锦却从不顾忌他的感受，总拿狠话伤他，起初他想朋友不过是刀子嘴、豆腐心，不是存心的，于是说服自己不予计较。可是渐渐地，杨勇发现李锦越来越变本加厉，有时竟拿自己当出气筒，莫名其妙地对自己冷言冷语，有时还大发脾气，他越发认为李锦不尊重自己，不过是把自己当成泄愤对象罢了。

有一次和同事在一起聚会，为了尽兴，大家便想痛快地畅饮一番，李锦酒量惊人，有时一次就能灌下好几瓶酒都面不改色，而杨勇则是滴酒不沾，起因是他有一个酗酒的父亲，所以他从小发誓永远不碰酒精，所以他从不为任何人破例。在那次聚会上，杨勇要求以水代酒，同事们起哄不同意，坚持让杨勇举杯，杨勇断然拒绝，气氛立时僵起来，李锦也生气了，冷冷地说："你还算不算男人，让你喝杯酒都推三阻四的，还比不上这里女同事。""我觉得有没有男人气概和酒量无关，我对酒精过敏不行吗？"杨勇说。"你就是个孬种，做什么事都扭扭捏捏，别扫了大家兴，喝杯酒又不是让你上战场。"李锦开始骂骂咧咧，杨勇气得满脸通红，把酒杯一推："我不喝！"然后起身愤然离开了餐桌。

事后，李锦也为自己的言行失当对杨勇道过歉，可是杨勇的心却被伤透了，好友竟然在大庭广众之下咒骂自己，而且一句比一句难听，句句都像钢刀砍在自己的心坎上，真正在乎自己的朋友会用这种方式对待自己吗？他有些茫然了，以后渐渐地和李锦也淡了。李锦也感到非常难过，其实由于自己性子直、脾气暴，他几乎交不到什么朋友，杨勇是他为数不多的朋友，他以为两个人交往这么多年了，杨勇应该早就了解自己的脾气，无论自己说了什么做了什么都不会怪罪自己，没想到两个人的关系就这么断了。

有的人认为真正的友谊必定是固若金汤的，事实上，友情远比人们想象的要脆弱得多。两个人的友谊之树需要精心呵护才能常青，有时一点风吹雨打也能使友谊之花凋零。朋友之间的感情虽不同于血浓于水的亲情，但是可以同样深厚和绵长，因为彼此在乎，所以对对方的伤害才更为敏感，人们可以抗击外界的种种伤害，可偏偏对来自亲朋密友的攻击没有招架之力，因为人向来不会对亲近的人设防，就像一个软体动物，平时裹着又硬又厚的铠甲，可是在安全的环境下，会露出自己身体最柔软的部分，只允许自己最信赖的朋友近身，如果朋友刺伤自己，这种痛又岂是常人能承受的？

很多人总是会一厢情愿地认为别人会包容自己的种种不好以及各种无心的伤害，所以会失去苦心经营多年的友谊。此外，直爽之人情绪容易激动，行为过于激进和鲁莽，可能在各种场合让朋友难堪，作为朋友，虽乐于帮助其善后，可是没完没了地收拾他们的烂摊子，也会感到厌烦和疲倦，当外界的负面评价不断冲进自己的耳朵，便会对两个人的友谊产生动摇，深情厚谊在各种风波和麻烦中终将走向终结。

巴顿和艾森豪威尔的友谊维持了长达 23 年，有人说他们牢不可破的友谊"是二战欧洲战场胜利的关键"，假如没有艾森豪威尔的帮助，巴顿不可能如此从容不迫地指挥作战，同样，假如没有巴顿的配合，艾森豪威尔也不可能如此迅捷地给德军以重创，取得辉煌战果。两员大将的友情堪称一段佳话，然而就是这种经历过血与火洗礼的友谊最终也走向了决裂，其主要原因并不是因为两人性格迥异，而是因为他们都是性情中人，尤其是巴顿，典型的直性子、暴脾气。

在北非战场进入白热化状态时，巴顿做出了一个意气用事的决定，他想把军长职务移交给他的副手，他本人则打算回到摩洛哥投身于西西里登陆的战役，艾森豪威尔为巴顿不计后果的做法感到震惊，他第一次感到有点无法忍受巴顿的臭脾气，马上致电巴顿："不要凭一时的冲动说话。"两个人的友谊出现了些许不和谐的因素。

没过多久，脾气暴躁的巴顿给艾森豪威尔招来了麻烦。当时，有一名士兵声称自己患有某种神经方面的疾病，恐惧炮弹的爆炸声，巴顿认为他是个贪生怕死之徒，愤怒地大骂道："你完全是一个胆小鬼。"还狠狠地给了那名士兵一个大耳光，又接着说："你是军队的耻辱，不配死在战场上，应该被拉出去枪毙，我现在就该枪毙你。医生，把这懦夫赶出医院。"说完，他作势拔枪，久久愤恨难平。

艾森豪威尔得知此事后，颇为惊讶，他简直不敢相信巴顿竟会如此冲动，他立即致电巴顿向那名士兵道歉，平息这件事的影响。巴顿这才认识到事情的严重性，按照朋友的意思做了。可是后来记者把"打耳光"的事件在美国宣扬了出去，一石激起千层浪，不少人认为巴顿的行为有损美国陆军荣誉，强烈要求将其赶出军队。

美国陆军高层承受着巨大的压力，其中艾森豪威尔的压力最大，他头痛不已，连作战指挥时都在为此事发愁。他身心俱疲，开始重新考量两个人的友谊，巴顿也意识到两人的友谊正经受着严峻的考验，他曾给妻子写信说自己易激动的性格给自己和艾森豪威尔造成了麻烦。

尽管艾森豪威尔对巴顿很失望，但还是顶住压力把巴顿留在了军队，不过已经不想再重用巴顿，他说："巴顿有糟糕、鲁莽的性格，任何时候我都不可能把他提升到集团军以上的职务。"他表示自己宁可要一只稳握在手的麻雀，也不要在空中飞翔的鹰，尤其是不断给自己带来灾难和麻烦的鹰。

由于巴顿讲话口无遮拦，艾森豪威尔奉劝他最好不要公开发表讲话，可是巴顿习惯了我行我素，对美国和苏联的政策发表了自己的看法，观点极为激进，惹恼了美国政府和军界的人，很多人纷纷反对巴顿，要求将其免职，处于两难境地的艾森豪威尔仍出面保住了巴顿，可是他和巴顿的友谊却画上了休止符。

和性子太直的人交往，人们会感到很累，外界的压力以及朋友本人给自己带来的压力，都有可能把友谊的树枝压弯压断。如果友情不能给心灵以滋润，反而成为情感的负担，人们当然有权拒绝，这便是直性子的人痛失友情的根本原因。

随缘、惜缘，但不攀缘

在与人结交方面，高情商者讲求的是随缘、惜缘，但不攀缘。意思是说，在与结交者价值或地位不对等的情况下，要竭力做到不卑不亢，气场相投，对自己充满了自信，不想着去巴结或看低对方，就很容易能够结缘。在结缘后，又要珍惜两人之间的缘分，不要让彼此间带上过多的功利色彩，这便是惜缘。当对方地位或价值远远地超过自己的时候，尤其是对方随时能为自己带来好处或利益时，要懂得无限期地延迟这种满足感，学会有意地避开对方的光芒，而不是巴结似的凑上去讨好对方，以满足个人的利益需求。这就是不攀缘。

这种处世态度与老子所说的"上善若水"的精神是类似的。就是在自然界中，水是最无私的，它不与天争，不与人争，更不与自己争，完全随外界的变化而改变自己的状态、形体等，完全是一种随缘的态度。我们也常说，"做人如水，无欲无争"即指内心没有任何欲求，不与任何事物相争。你在高处，我便退去，让你独自闪耀光芒；你在低谷，我便涌来，决不暴露你的缺陷，同时也温柔地围绕你、拥抱你。你要行动，我便随行，决不撇下你；你若要静，我便长守，决不打扰你安宁……那是一种无私无欲无求的人间"大善"，便是惜缘、不攀缘的绝佳写照。

从心理学的角度去分析，攀缘是一种带有极强目的性的交际，是人为了满足自己内心的私欲的产物。而一个高情商者则会如水一般，在那些站在人生高处的人，无限期地延迟自我满足感，主动退去，绝不为获得个人利益或好处而去沾染半分。这样的人品性是高洁的，也常常因为不苟求和强求而心生挂碍或烦恼，也不容易作茧自缚。

电视剧《天道》中，丁元英的助理肖亚文是个为人处世的高手，在与人交往中，她始终秉持着随缘、惜缘、不攀缘的交际理念。

丁元英无疑是个极富智慧的人，他能洞悉一切事物的因果规律，具有掌控商业大局的能力。在肖亚文结束丁元英助理的身份时，她曾这样描述自己与丁元英的关系："朋友？不可能。认识、熟人、够得上说话，这就已经不错了。咱跟人家根本不是一种人，凭什么跟人家成朋友？"在这里，肖亚文知道自己与丁元英不是一个层次的人，但她也懂得丁元英在她生命里的价值，却不滥用，这就是随缘。她深知丁元英这样的贵人对她人生的意义，她说："认识这个人就是开了一扇窗户，就能看到不一样的东西，听到不一样的声音，能让你思考、觉悟，这已经够了。其他还有很多，比如机会、帮助，我不确定。这个在一般人看来可能不重要，但我知道这个人很重要。"同时，她也珍惜丁元英，当丁元英提出找房子的需求的时候，她想在芮小丹所在的古城给丁元英暂时找个住所，让芮小丹能在必要的时候照应一下，从而"藕断丝连"。关于这件事，肖亚文没有隐瞒自己的私心。她说："不能让这根线断了，得有个什么事还能牵着。你在古城尽点地主之谊，你们不是雇佣关系，关照多少都是人情。我办完这个差事就跟他搭不上话了，但我和你是朋友，你关照他，人情记在我账上，关照他就是给我帮忙。"她尽力做到在彼此都舒服的情况下继续保持这份缘分。我觉得这里的度很重要。过了则不是随缘、惜缘，而是攀缘了。

剧中还有一处表现出了肖亚文为人处世的聪明。芮小丹为了多了解丁元英，一个人只身跑到北京找了丁元英的老朋友：正天集团总裁韩楚风。原本是在北京的肖亚文到车站去接她，但是她看见韩楚风在那里，就没有出现。对此，她的解释是这样的。"我去过火车站了，老远就看见韩楚风，他现在是正天集团的总裁，你这面子大了，我再愣凑上去就不知趣了，悄没声地回来上班吧。要是连这点眼力见儿都没有，早就饿死了。"肖亚文知道，值得韩楚风这样的商界大佬去高规格对待的，不是芮小丹的本身价值，而是丁元英的面子。于是，她知趣地故意避开了韩楚风，不是凑上去费力地讨好和巴结，这就叫不攀缘。正是秉持着这样的交际理念，肖亚文没给丁元英和韩楚风这样的商界大佬留下有心机和投机钻营的印象，也让她最终顺利地接管了格律诗音响公司，成为人生大赢家。

从心理角度分析，一个爱"攀缘"的人，是不懂延迟自我满足感的结果。他们见到能力比自己强、价值比自己高的人，就前去费力讨好地巴结、奉承，是为了让自我私欲立即获得满足的结果。从社交角度分析，一个爱"攀缘"的人，给人一种精明算计和奴颜婢膝的印象，从而使周围的人远离。这样的人很容易为了利益丧失尊严和风骨，所以贵人会躲开他们。实际上，人与人之间结交讲究的是个人价值的对等，当你的高度到了，状态到了，随缘和结缘都是顺理成章的事儿。

懂得随缘、惜缘却不攀缘，是懂得适度延迟满足感的高情商行为，更是一种有自知之明的适度行为，体现了一个人的修养和自尊，是一种知趣、识趣的行为。这样的人有自知之明与通知事理的能力，心中不迷惑，能看得清楚形势、辨得明自身的价值，所以，为人处世能给人舒服的感觉，亦很容易获得他人的青睐，也很容易实现人生的逆袭。

既然"豆腐心"，何必"刀子嘴"

生活中，还有一种人，他们通常长得一张"刀子嘴"，但内在却有一副"豆腐"般的软心肠。所以遇事总是未有行动，话会先出口，尤其是脾气一上来时，说话完全不顾及他人的感受，哪句"狠"便会说哪句，句句像刀子，直插人的"心脏"。这样的人，与其说是个人情绪掌控能力差，不如说他们是因为太急切地想通过"损人"来获得内心的满足感或安全感。

从心理学的角度分析，"豆腐心、刀子嘴"的人，内心通常都缺乏足够的安全感。外界任何的风吹草动便能撩拨到他们不安的心弦，所以，他们在人还未行动时便会通过语言发泄或贬损他人的方式来获得一时的快感。要知道，与行动比起来，语言能让人最快地获得内心的"安全"。他们表面上张牙舞爪，显得极为凶悍，实际上是为了掩饰内心的软弱或惧怕。他们固然心肠不坏，但就是不懂得延迟内心的满足感，最终经常使自己在交际场上频频亮红灯。

沈彤是个急性子，说起话来口无遮拦，从不过大脑。每次当别人就某事征求她的意见时，她出口的话总是很伤人，总能直接戳到别人的痛处。

有一次，同办公室的一位同事穿了件新衣服，别人都称赞"漂亮""合适"。

可当人家问沈彤感觉如何时，她却毫不犹豫地回答说："说实话，你的这件衣服虽然很漂亮，但是穿在你身上就像给水桶包上了艳丽的布，因为你实在是太胖了。而且这些颜色对于你这个年纪的人显得太嫩了，根本不合适！我是因为和你关系好才和你说实话的，可别怪我哦！"

从此之后，这位同事再也不穿这件衣服了。几个月过去了，沈彤曾问那位同事："好几个月都没看见你穿过那件衣服了！"

"其实，那件衣服已经丢掉了，我已经忘记它的样子了。不过，你说过的话，让我时常想起它带给我的痛！"同事回答道。

一个说起话来口无遮拦，为了自己的一时之"爽"，而不顾他人的感受，是一种愚蠢的行为。很多时候，话语对人心理上造成的伤害是无穷尽的。心理学上认为，自尊是人的基本心理需求，没有人能彻底忘掉别人对他的侮辱，即便是那个人曾经有恩于他，或者他们曾经是很要好的朋友，所有的这一切，都无法弥补其在语言上对他人所造成的伤害。

这样的人，固然在说"狠"话时没存什么坏心，甚至是出于善意的，但是其刻薄的"狠"话对他人造成的伤害是难以磨灭的，有的甚至是终身的。这也正如一位作家所说的那样："刀子嘴豆腐心是最低性价比，最损人不利己的。明明你是好心善意，却偏要自导自演一系列责备、伤人、焦虑、争吵等场面恢宏的戏码，这是在给自己的人际关系、工作生活埋下许多可以燎原的星星之火。"

生活中，很多人在开口讲话前，都会为自己做注解，他们说话的前缀常是"我性子比较急，说话也比较直"来做铺垫。然后再抛出一堆让人不爽的话，让听者不好意思对其发脾气。其实，真正高情商者，在开口讲话时，绝不会说诸如此类的话："我永远不会像你一样做那样的蠢事"；"谁像你那样从不开窍，这么简单的问题都解决不了"；"看你那德行"；等等，这样的话，谁听了也不会舒服，人人都爱面子，而这样太过绝对的话语显然是极伤人自尊的。没有人受得了这样的无礼行为，即便他不会立即与你兵戎相见，大干一场，也会对你怀恨在心，甚至结怨成敌。

蔡康永曾经做过这样一番论述："'刀子嘴豆腐心'真是种诡异的逻辑，分裂的人格。嘴里的话语不应该是内心想法的映射吗？真正善良的人，说话时会以己度人、换位思考，己所不欲勿施于人。而尖牙俐齿，得理不饶人，朝着对方软肋发起语言攻势的人，谈何宅心仁厚呢？"

刘晓是个心直口快的姑娘，每次与周围的人讲话总是带着"刺"。

一次，老公要出席一个晚宴，在傍晚时悉心打扮好了以后，便想让刘晓做评价。而刘晓看着大腹便便的老公穿着西装，便"扑哧"一声笑出了声，接着便说道："那么肥的身子裹在这么高级的西服里，真的像个大狗熊！"本来就对自己肥胖身材深感自卑的老公，听到这样难听的话，脸一下子拉了下来。刘晓一见老公不高兴，便补充一句道："只有最亲的人，才敢跟你讲实话呀！而外人只会嘲笑你呀！"可老公并不搭理她，以后再也不向刘晓征询意见了。

还有一次，刘晓因为孩子的教育问题而与婆婆拌了嘴，刘晓想都没想，上来就对婆婆呵斥道："我教育孩子的时候，你就给我住嘴！这孩子早晚会毁在你的手上，你还是趁早给我滚回老家去吧！"婆婆听罢，很是伤心，抹着泪收拾完行李就想回家。这时刘晓才意识到自己的话说重了，便忙解释道："妈，你知道我就是这急性子，脾气上来就控制不住，可我内心真的没想让你走！你还是原谅我吧……"尽管刘晓对婆婆表达了歉意，好话也说尽，可最终婆婆还是伤心地离开了！

生活中，像刘晓这样性格急躁者有很多，在他们的意识中，自己因为与朋友的感情深，说话才会口无遮拦，觉得这才是"真情流露"，关心对方的表现。可他们却忘了，再亲密的关系也是建立在相互尊重的基础上的，再深厚的感情也经不起"狠话"的摧残。当然，在与人交往中，许多急性子者也能意识到自己的"刀子嘴"是种暴力，可情绪上来，便无法控制自己，事后才捶胸顿足向对方道歉，恢复"豆腐心"，可往往为时已晚，事后再弥补对方，也难以挽回对方那颗已经受了伤的心。所以，如果你有一颗"豆腐心"，就要懂得控制自己的急脾气，别让你的"刀子嘴"刺伤了别人，让自己后悔。

第四章

厉害的人做事都有"持续性"和"稳定性"

延迟满足感是一种甘愿为了更有价值的长远结果而放弃即时满足的抉择取向,以及在等待中展示的自我控制能力。它告诉我们,延迟满足能力强的人,都是具有"持续性"和"稳定性"的,他们都是长期主义者,不会在事业发展过程中被些许蝇头小利而丧失理智,更不会因为暂时的成功而冲昏头脑,做出不利于大局的事。在任何时候,他们都懂得克制自己,不会贪图一时的满足感而荒废自己的大事业、大人生。比如,他们付出一点,不会立即要求回报,他们从不占人小便宜而让自己失了人格尊严,更不会因为小委屈、小情绪而去抱怨连连,而是会将委屈吞下去,撑大自己的人生格局;他们做事不会想着去投机取巧,而是会通过踏实的努力,将自身的能力修炼得扎实,从而在同行中立于不败之地;他们从不会去与人"小争",而失去了"大义"……总之,他们处处体现出的都是强者的姿态和做派,因此他们的人生也总是能够顺风顺水,也令人敬佩不已!

拖延的根本症结：无法延迟满足感的结果

在日常生活中，我们无时无刻不受到拖延症的影响：早晨起来，闹钟铃声大作，按停 N 次就是不想起床，眯缝着惺忪的睡眼告诉自己再多睡几分钟，只要上班不至于迟到，便心安理得地享受赖床的乐趣；知道迟到不礼貌，可是在约见别人时总是拖到最后一刻才着手准备，匆匆忙忙赶往现场还是被久等的人狠狠地数落了一顿；脏衣服攒了一件又一件就是懒得洗，准备清洗时几乎塞满洗衣机；房间里的物品杂乱不堪，总想着过会儿再收拾；面对摆在眼前的工作总是提不起兴致，改不了拖拖拉拉、磨磨蹭蹭的毛病，上司或老板不给自己下最后通牒就不打算及时完成任务，该回的邮件、该打的电话、该做的计划能拖就拖，只要还没临近世界末日，我们便会尽可能地把此时该做的事延迟一刻钟、数小时或者干脆推到下一天，总之我们总是乐于先享受当下的时光，将所有那些让自己感到痛苦的、不快乐的、不情愿做的事情一再推后。拖延在生活中极为普遍，可以说它已经成为现代人的通病，这个看似不大的毛病，其实能让我们的生活变得混乱不堪，学习进程停滞，工作升迁无望，个人前途尽毁。总之，拖延的惯性和危害极大，它带来的短暂愉悦感会让我们"根本停不下来"。现实生活中，正是因为自身行动力的不足，才将自己的人生过成了低配版。

从根本上讲，一个人之所以会拖延是因为其无法延迟满足感造成的。爱拖延者，在工作或学习时，总是一味地沉浸于那些让自己感到舒服的事，比如刷微博、刷视频、看八卦新闻等，而会将那些让自己感到不悦、痛苦或棘手的事情，比如工作难题、要完成的任务等向后延迟，所以，最终让自己陷入了糟糕的状态。

徐晓蓓向来没有时间观念，做任何事情都要让别人催，有时被催急了，就皱着眉头满脸不悦地说："你烦不烦啊，让我喘口气行不行？"她可不想扮演什么拼命三娘的角色，心想唐代大诗人李白都说"人生得意须尽欢，莫使金樽空对月"，她又何必让自己像陀螺一样转个不停呢？

徐晓蓓最大的爱好就是看肥皂剧，每天下了班就把自己窝在沙发里，任何事情都不能使她把目光从电视银屏上移开，欣赏完电视剧就躺在床上休息，朋友给她发短信，她从不立即回复，QQ 信箱里堆满了邮件也不爱查看，吃完晚饭后餐具从不及时清洗，总要拖一两个小时才开始刷洗。朋友们说她邋遢，是个不折不扣的懒鬼，她都满不在乎，毕竟这是她的生活方式，别人就是再看不惯也不可能强加干涉，可是工作就不同了，拖延症让她吃尽了苦头。

有一次，公司接手了一个重大项目，为了做出让客户满意的方案，领导提前给每位员工发放了一堆材料，宣布在会议上讨论，希望到时大家能制定出出色的策划案。徐晓蓓想，公司一般是在每月 15 日开会，现在离向公司献策的日期还有八天，根本就没有必要赶工，于是依旧舒舒服服地过着自己悠闲的小日子，一转眼五天的时间过去了，看着办公桌上厚厚的资料，徐晓蓓有点着急了，于是硬着头皮狂啃资料，整整两天时间都处于头昏脑涨的状态，只剩下一天做策划案了，徐晓蓓叫苦不迭，只好匆匆赶工，忙了一上午没什么成效，午餐过后又有点困倦了，于是美美地睡了会儿午觉，心想工作还是下午再做吧，实在做不完大不了晚上加班。

一直忙到下班，徐晓蓓总算完成了一半策划案，回到家后熬夜工作，苦苦撑到半夜十一点，再也坚持不下去了，只得草草收尾，第二天把一个豹头蛇尾的策划案交给了领导，领导看到前半部分时领首微笑，看到中间部分脸上表情晴转多云，看到后半部分脸色大变，徐晓蓓暗叫不好，等待着一场暴风雨的来临，领导劈头盖脸地把她训斥了一顿，此后有什么重大项目都不放心交给她。徐晓蓓做了三年策划师后被冷落到一旁，转眼到了三十岁大关她仍是一事无成。

在现实中，每个人都有拖延的借口和理由，但无怪乎就总是沉浸于能让自己愉悦的事情中无法自拔，将那些让自己感到不快的事无限期地往后拖。所以，要解决这个问题，最为关键的就是要学会调整事情的优先次序，通过延迟满足感，让自己去着手解决那些让自己感到痛苦的事，然后再去做那些能让自己获得满足感的事。

今年四十多岁的刘欣是一出版公司的行政职员，她经常因为无法按时完成工作任务而被焦虑所缠绕。原来，她焦虑的原因在于她有拖延的恶习。后来，一位同事从她的生活习惯中观察到了其产生拖延问题的根本原因。原来，她每天上班后，在刚开始的两个钟头，总是将容易和喜欢做的工作完成，而在剩下的六个钟头里，再去做那些让她感到棘手的工作。这也意味着，刘欣每天的前两个小时是快乐的，富有满足感的，而后六个小时是痛苦的。后来，同事就告诉她说：你可以试着去换一种方式。每天上班先去着手处理那些让你感到棘手的事情，然后再腾出时间去做后面的事情。按照你的工作效率，在一天的头两个钟头，完全可以将那些困难的事情处理好，然后接下来的六个钟头，便可以在快乐中度过了。刘欣听罢，完全同意同事的建议，而且坚持照此执行，不久便彻底克服了拖延症的坏毛病。

刘欣采纳的建议就是延迟满足感，她通过重设了工作中快乐与痛苦的次序，即直接去面对让她感到痛苦的棘手的工作，然后通过解决问题再去做自己喜欢的工作，享受更大的快乐，最终治愈了自己的拖延毛病。

据一项调查显示，86％的职场人士和80％以上的大学生都有拖延症，在这些人当中，50％的人表示总会把事情或工作拖到最后一刻才去做，13％的人表示如果不是被一催再催，他们根本没有办法按时完成任务。很多时候，人们不知不觉就陷进了拖延症的旋涡，反复重复着拖延的行为模式。拖延虽然在严格意义上讲并不属于某类疾病，可是拖起来也要命，严重的拖延症会对人们的身心健康带来非常大的负面影响，比如产生自责和负罪感，自信心丧失，并伴有各种不适心理症状，进而引发多种心理疾病，毁掉个人幸福和大好前程，所以一定不能任由自己的拖延行为进一步发展和恶化，要及时悬崖勒马，纠正自己的心理和行为偏差。

别总是"刚一付出，就要求回报"

"刚一付出，就要求回报"是当下很多人生存的常态。比如，在单位做出一点点成绩，便向领导要奖金；在他人面前略施一点爱心，便想着立即向对方要回报；刚向伴侣付出一点感情，便想让对方以同样的态度对你；刚夸赞一番孩子，便想让他马上领悟，努力苦读……从根本上讲，这些都是不懂得延迟自我满足感的结果，是一种心智极不成熟的表现，他们的这些"付出"都是为了使自己的欲望立即获得满足感，这样的人对自我欲望的控制力是极差的。一个无法很好掌控自我欲望的人，是极难成就大事的。

懂得守拙、脚踏实地傻傻地付出、重视时间的力量，在个人前进过程中能不断地延迟自我满足感是强者的思维法则。而内心浮躁、刚一付出就立即想要获得回报，也是弱者的一个思维模式。从心理学的角度分析，这是一种极不成熟的心态，就像一个小孩一般缺乏耐性。可是在成人的世界里，"小孩"是难以在社会上立足的，也是极难有成就的。

16岁的玛瑞是一家脚踏车店的小学徒，他每次在为车主修好车之后，都会把车子擦得漂亮如新。其他的学徒就笑他说："来修车的人只付给了你修车钱，你擦车子又没有任何报酬，何必要做无用功呢？"然而，玛瑞并不理会，始终坚持帮车主擦车。久而久之，他的服务得到了更多车主的认可和赞扬。而其他的学徒则总是对工作敷衍了事，总想着即便把工作做得再认真，自己也难以得到什么好处。

有一次，玛瑞在为一位车主修好车并擦干净车之后，就被一家公司挖走了。原来，车主是一家大型修理厂的老板。从此，玛瑞就有了一份更好的工作，工资也翻了一倍。而和他一同进店的伙计，仍旧在原来的小店铺里干着又脏又累的活，拿着微薄的工资。

做什么事总想着立即得到回报，在做任何事之前，都会算计着"结果"，这样的人是难以成事的。就像故事中修车店的学徒一般，付出前总想着能获得怎样的回报，对人对事都无法负责任，所以，是极难获得他人的信任和青睐的。

要知道，凡事都有因果，只有春天播种，秋天才会收获。在对待任何一件事情都是如此，你只有先付出，再去想获得回报的事，脚踏实地，自然能出成就。就像做生意，开始没有什么成绩，就想着要放弃，有的人一个月放弃，有的人三个月放弃，有的人半年放弃，有的人一年放弃……这是一种典型失败者的习惯。所以要有眼光，要看得更远一些，眼光是用来看未来的！

另外，懂得"先付出，再图回报"也是职场成功的秘诀之一。一个人想在职场中立足，就必须懂得延迟自我满足感，对自己狠一点，先去通过解决问题去修炼和提升自身的技能，让钱去找你，而非你去找钱。

王翔刚毕业，就进了一家出版社做编辑。刚刚进单位里，因为是新人，所以经常受到别人的指派，对于此，王翔并没有任何的埋怨，而是每天除了做好自己的本职工作以外，还总是乐呵呵地接受他人的"指派"，觉得自己是个"新人"，应该多磨炼一些"本事"出来，这样才能使自己长久地在这里"立足"。

有时候，王翔会被指派到发行部，有时候则会被派到业务部。周围的很多同事都说王翔太"傻"，自己本是个编辑，每天舒舒服服做好自己的工作就是了，何必要把自己搞得像个"苦力"一样去干那些粗活儿。但是，王翔心里却很快乐。

他在发行部帮忙包书、送书；到业务部，又参与各种直销工作，甚至连取稿、跑印刷厂、邮寄等做各种各样的工作。后来，王翔渐渐地摸清楚了出版社的各方面的业务流程，各种工作他都得心应手。两年后，他慢慢地从编辑部的普通编辑升到责任编辑，再升为部门主编，薪水也翻了好几倍。

一个真正有能力的人，何愁不会成功，这个道理谁都懂，关键是成功前的苦心修炼和无怨无悔地付出并不是每个人都能做到的。所以，无论在职场上还是在生意场上，你想要获得什么，就要先懂得付出什么。你在一个项目或规划中的付出，将会得到加倍的回报。做一件事情，一定不要在还未付出前就想着我能得到什么，而是要想着如何去付出。更不要那么急功近利，想马上得到回报，天下没有白吃的午餐，轻轻松松是难以获得成功的。

不占人便宜，是深到骨子里的教养

在《曾国藩家书》中，曾国藩提出了"九不交"，其中一条就是"好占便宜者不交"。的确，好占人便宜的人，从根本上讲是无法抑制自身贪婪的欲望，看到一丁点利益便能勾起他们内心的贪欲，为了尽快使自己的这种贪欲获得满足，便做起了见不得人的事。这样的人，与其说他们目光短浅、格局狭小，不如说他们不懂得如何控制自身的欲望，无法有效地延迟自身的满足感，从而让自己通过付出辛苦换取这些利益或好处。

那些生活中的强者，都是能很好地控制自身欲望的人，在诱惑面前，他们会为了维护自身的人格和尊严，去延迟自我满足感。因为他们知道，人格和尊严是做人最宝贵的一种隐性资产，那也是一种深到骨子里的教养。

宋朝名士欧阳修在自己三岁的时候，父亲就去世了，他与母亲相依为命，日子过得极为清贫。

有一次，快到过年时，欧阳修与几个小伙伴看到一大户人家炸鱼丸，顿时垂涎欲滴。于是，那家主人用鄙夷的眼光对眼前的一群小孩说："你们若有谁给我磕一次头，叫我一声爷，我就给你们吃一个鱼丸，多磕多给。"

于是，周围的小伙伴经受不住这样的诱惑，便都跪下挨个给那位老爷磕头并且还个个大声地喊"爷"。而唯独欧阳修站在那里看着金黄的鱼丸，强忍着口水，转身离开了。

这一幕被一旁的一位教书先生看到了。先生拉住欧阳修说："你为什么不跟他们一样跪下给人磕头换鱼丸吃呢？"欧阳修回答说："我母亲常对我说，人家看不起你的眼光不重要，自己做出什么样子才最重要。我不能因占人家的便宜而让母亲丢脸。"

那位先生听到这话十分感动，觉得这孩子有格局懂得守护个人的尊严，将来一定是个可造之才。于是，他提出免费教欧阳修学问。就这样，欧阳修发愤苦读，最终完成了人生的逆袭。

小小年纪的欧阳修就知道不能占人便宜，懂得维护自我尊严，让人心生敬佩之情。他最终能取得极大的成就，与他自小就懂得保持自身的尊严不无相关。

印度作家普列姆昌德说："对人来说，最最重要的东西是尊严。"身份、权势、金钱，能令人获得敬畏、艳羡，但唯独尊严，需要自己去取得。而一个人的尊严正是其获得各种社会资源的保证。所以，在面对诱惑时，我们一定要延迟自我满足感，守住自己的尊严和教养。

中国古代有一种人，叫作"士"。士，事亲则孝，事君则忠，交友则信，居乡则悌。穷不失义，达不离道。无恒产而有恒心。无论身处怎样的境地，有风骨、有信用、有气节、有始终，这才是真正的"精神贵族"。一个在精神上富足的人，其内在也必定是和谐的，而内在的和谐则是外在好运的源头。同样，一个在精神上贫穷的人，会通过毁掉尊严去填满内心的欲望，这样的人物质也不会富足到哪里去。

一位学者家里雇了一位保姆，这位保姆手脚麻利、干活儿利索、做菜的手艺也不错，但有一个不好的习惯，就是爱占人小便宜。今天顺手拿雇主家里一点鸡毛零碎的零钱，明天从人家厨房里顺点儿葱姜蒜等小物品，有时还会顺手拿走人家一点花生米什么的。那位学者发现后，没有揭穿她，也没有开除她，而是主动地找她谈话，并对她说："如果你家里有什么困难，可以直接说，我会尽力地帮助你的！"可那位保姆口头上答应了，却仍天天趁人不注意干些"占小便宜"的事。对此，学者曾几次地劝过她，但她仍屡教不改。最终，学者在无奈之下开除了这位保姆。

那位保姆就是精神上的贫穷者，她的格局小，只盯着鸡毛蒜皮的蝇头小利，觉得雇主的厨房就是自己的整个天地，她要在这番天地里抢占一点资源出来。如果她将这种习惯持续下去，有可能面临难以获得保姆之类工作的窘境。这样的人没有见过什么世面，所以会觉得有些东西能贪一点是一点，即便那些小小的好处并不能给自己的生活带来什么好处。

而一个格局大的人则不会如此，他们将目光放在自己的理想上，攒足力气，只为在未来的某一天一鸣惊人。不同的格局可以体现个人的思维模式，也可以决定一个人最终能够走多远。

吞下多大的委屈，便能成就多大的事儿

一个人在面对委屈时，能延迟将之立即发泄出来的满足感，并能将其转化为自身内在的驱动力，以促使他们更加努力，是极了不起的。在这方面，我们不得不提及历史上一个人：曾国藩。他可谓是一个十足的强者，无论是在封建官场，还是个人修养，治家乃至治学方面，都可谓是个强者。曾国藩有诸多至理名言，但让人感触颇深的话却是："困心横虑，正是磨炼英雄，玉汝于成。李申夫尝谓余恇气从不说出，一味忍耐，徐图自强。因引谚曰：'好汉打脱牙和血吞。'此二语，是余生平咬牙立志之诀。"大意是说，劳其心志、思索考虑的过程，正是磨炼英雄、雕琢人格趋于成功的过程。李申夫曾经说恇气从不说出，一味地忍耐，慢慢地图谋自强的方法，因此引用谚语说："好汉打脱牙，和血吞。"这两句话是我平日咬紧牙关，立下大志的秘诀。从此话可以看出，曾国藩受了气是不轻易说出口的，而是"徐图自强"。他曾被京师权贵唾骂过、被长沙地绅唾骂过、被江西群豪唾骂过，更不用说岳州之败、靖江之败、湖口之败受过的质疑弹劾谩骂，没有一次不是和着血吞掉的。在一般人看来，封建官场中如此厉害的人物，一定是处处强势硬气的主儿。而实际上，他虽在复杂而又险恶的官场中频频高升，却一生严于律己，修身养性，几乎是战战兢兢、如履薄冰的一生。他遭受委屈时，也不是像一般人那样任性地意气用事。而是咬定牙关，慢慢图强。所谓的忍，在他那里不是伸着脖子穷挨，而是忍下来咽下去的同时，将这种委屈变成自我强大的自驱力，不断地提升自己。

在现实中，尤其是一些职场或创业的年轻人，总是受不了委屈。他们一遇到难题就立马撂挑子，嚷嚷道："大不了辞职走人、不干了！""大不了不做这单生意了！"这种人丝毫受不了委屈，他们不懂得延迟自我满足感，缺乏去克服当前的困难而力求获得长远利益的能力，挨不了逆境。即便是智商再高，也难成大气候。也许有人会说，工作压力那么大、难题那么多，自己也只是随便说说而已！其实与其说你压力大，不如说你缺乏延迟自我满足感的能力。因为你缺乏这种能力，扛不住压力，所以只配做一个员工或者失败者。

很多时候，一个拥有延迟自我满足感的人，是能够享受压力的，并在压力中呈现出极好的个人状态。而在承受压力时的个人状态，是判断一个人是否能在未来成为老板还是员工的标准。员工不用承受压力或者说承受不住压力，只要有一点点压力就会到处嚷嚷，恨不得全公司的人都知道自己加班了，遇到难题了。遇事总爱打自己的小算盘，老板让你多干活儿就开始算计：你给我开多少钱啊！你让我多干，给我加钱吗！这样的员工往往是加了班，还不落好儿。在压力状态下，他们只会通过抱怨、讨价还价来获得内心的满足感，让自己获得些许的安慰。而老板在遇到问题时，只会想着如何去解决，而不会去想如何退缩。在受了委屈时，他们会尽量避免通过释放负面情绪的方法来获得满足感，而是会独自承受，尽可能地释放正能量，传播给周围的员工，从而在最终问题得以解决后获得内心的满足。

一个人能受多大的委屈，就能成多大的事儿。这是一定的，也是有现实依据的。为什么一个领导无论遇到多大的困难，都不会轻易言败,而一个员工遇到一点不顺的事就想逃避?为何一对夫妻有再大的矛盾,也不会轻易离婚,而一对情侣却经常为一些细小的事情就分开了?说到底,你在一件事或一段关系上投入的多少,直接决定你能承受多大的压力,能坚守多长时间,能取得多大的成功。

曾在一家著名企业工作的员工,曾诉说过他的经历:一天加班到很晚,回到家已经凌晨3点钟了。刚想睡觉,突然收到一份邮件,是老板发来的,说我工作中出现了很明显的纰漏,并批评我工作做得不到位。我收到邮件后很是崩溃,委屈得很。于是当即奋笔疾书,给老板回邮件诉说我对工作是如何地用心,如何地努力出业绩……洋洋洒洒地写了2000多字。

写完了,我突然有些冷静了,就开始琢磨:如果我是老板,我对一个员工工作不满意,于是给他写了邮件批评他,最终看到他洋洋洒洒的解释和辩解会是什么感觉?遇到一个处处为自己开脱责任的员工,我会重用他吗?显然不会。突然间,我明白了这样一个道理,于是就把那封邮件删了,只是简单地回复了一句话:对于大意所出的错误,我会尽快修正。同时,我也会反思我的工作,尽快做出调整。

两个月后我晋升了。在晋升仪式上,我对老板说起此事,他对我说,我知道你当时满心的委屈,我就是想看看你面对委屈和压力时,会有怎样的反应,这体现了一个人的成熟程度。

冯仑说,伟大都是熬出来的。为什么用"熬"呢?因为普通人承受不了的委屈你得承受,普通人需要别人理解、安慰、鼓励,但你没有;普通人用消极指责来发泄情绪,但你必须看到爱和光,要学会转化消化;普通人需要一个肩膀在脆弱的时候靠一靠,而你就是别人依靠的肩膀。

培养"长期主义"式的思维

顶级的高手，都是长期主义者，他们不局限于当中的蝇头小利。延迟满足感是一种甘愿为了更有价值的长远结果而放弃即时满足的抉择取向，以及在等待中展示的自我控制能力。当然，在现实中，一个人频繁跳槽、无数的磨合、职位的晋升、生活的压力等都会阻碍我们成为一个长期主义者，我们要生存，面对这些困难也要想办法积极去面对，并且扛过去。

晚清时代，曾国藩的智商并不是太高的，甚至可以归类在"笨拙"一类，他自己对自己的评价也是："我这个人读书做事情，反应速度都比较慢。"其实这并不是他自我谦逊的词，而是有自知之明的评语。

这一点，从他同时代人的评价中也可以看出。当年，左宗棠也这么评价他，并且还瞧不起他，经常讽刺他思路迟钝，见识短浅，缺乏才略，甚至他自己的学生李鸿章也说他太"做事儒缓，慢半拍"。

的确，曾国藩一家，好像也没什么聪明的基因，他的父亲一生考了 17 次秀才，一直到 43 岁，才勉强过关，这样的应考能力，在当时并不多见，曾国藩自己考秀才，也考了 9 年，21 岁才中了秀才。

到后来路才越走越顺，中秀才后第二年便中了举人，四年后，又高中进士，在京工作期间，他又从翰林院升迁到左侍郎，这十年七次迁跃，连升了十级，将当初那些比他早进学的青年才俊甩了好几条街。

曾国藩之所以成长速度如此迅速，与他所下的"笨功夫"是有巨大关系的。

他在家读书的时候，父亲要求他，不懂上一句，不读下一句，不读完这本书，就不看下一本书，不完成今天的任务，绝不睡觉。

曾国藩不懂什么是"技巧"，什么是"捷径"，就靠着这种"笨"方法，持续性且稳定地努力。这种笨拙的方式在他身上培养起来了超乎常人勤奋、吃苦和踏实的精神。

别看笨拙，"拙"看起来对个人成长来说显得极慢，但其实也是最快的，因为这是扎扎实实的成功，练苦功，不留遗弊。他自身总结的时候说：自己要将基础打牢靠，所以"读书立志，须以困勉之功"。

他曾经为了约束自己的言行，早年专门为自己制定了"修身13条"：主敬、静坐、早起、读书不二、读历史、谨言、养气、保身、写日记、日知所忘、月无忘所能、作字、夜不出门等规矩。

他就是运用这样的笨方法，让他避免了几千年来中国式思维的局限和弱点，他的一生做事从来不绕弯子，不走捷径，总是按照最笨拙、最踏实的方法去做，并且拥有持续性和稳定性的心态，他的成功，正是对"延迟自我满足感"心理的最好诠释。

巴菲特曾说过，普通人的努力，在长期主义的复利下会产生奇迹，时间帮助了我们，让我们成为时间的朋友，这句话也是他主张的一种理念，简单地理解这句话，其实就是说，如果我们能够成为长期主义者，那就能激发我们的潜能，一改平庸的命运。

一个人立于世，总要成就点什么，做点事。而做事就需要经营你的"长期主义"式的思维。"短平快"的思维模式，除了能让你获得暂时的满足感外，它却能不断地加强你的"失落感"，一方面因为时间太短，难以捕捉到机会点。同时，"短平快"的思维，会让你缺失大局观，很容易让你方寸大乱，也容易让你错失好的机会点。而"长期主义"式的思维，能改善我们的大脑，让我们考虑更为长远的规划。当我们向十年后的目标行进，谋事布局时，就不会为今天未获得回报而耿耿于怀。唯谋事者有格局，高度也好，眼光也罢，就看我们把思维聚焦在哪里。环境可以不如意，但我们的心不能闭锁，不能因为你处于现状的劣势地位，就丧失了谋事致远的长线思维能力。

当然，要做一个"长期主义者"，你还需要以下努力：

1. 明确的目标。知道自己要做什么，就不容易被岔路所吸引，能够一直修正自己的方向，而不至于原地踏步。

2. 保持专注，在对的事情上持续性地精进。

所有的事情都不是一蹴而就的，而是需要慢慢地去积累的，然后从量变发生质变，所以，切忌三天打渔两天晒网。

3. 执行力。清楚了自己的目标，也保持了专注，但如果不行动的话就会变成纸上谈兵，一切就变成了空中楼阁，可望而不可即，所以，动起来是你实现目标的第一步。

延迟满足感，保持个人情绪的稳定

懂得延迟满足感的人，都有一个特点，那就是具有"稳定性"和"持续性"，他们从来不去做能在短暂时间内获得快感的事情，而是禁得起诱惑、耐得了寂寞、控制得了情绪的肆意泛滥，从而等待长期红利的爆发。他们首先具有极为稳定的内在情绪，这使得他们无论在面对怎样的外在世界时，都能保持镇定，使他们能潜下心来在自己认定的领域中保持持续性精进。

对于懂得延迟自我满足感的人来说，在遇事时是一定会戒掉情绪的，因为他们知道，情绪对解决问题毫无用处，他们对自己所坚持的事情笃定不疑，并享受其中。

柳虹毕业于一所三流大学，长相普通，家境一般。如今是一家大型公司的高管，她的人生能实现逆袭，源于她有极强的控制情绪的能力，即我们通俗说的"抗挫性"。

八年前，她还是那家公司销售部的普通职员，因为没有名校和高学历背景，再加上她长相普通、穿着打扮土气，所以并不招自己的上司喜欢。当时的销售部门讲的是业绩，各员工之间拼的是客户资源，谁手里掌握的客户资源好，谁的业绩就好，工资提成自然就高。当时刚入职的柳虹毫无销售方面的经验，又根本不招上司待见，于是部门里那些难伺候和难搞定的客户都被甩到了她的手里。这也是上司在故意习难她，想让她知难而退，快点辞职走人。

在多数人看来，这不明摆着使人难堪吗？这样的上司就是想逼人离职。可柳虹却看得很透彻，她先是戒掉情绪，不反抗也不痛苦。她想，自己的各方面条件确实不起眼，如果自己在这时候辞职，那就真的中了上司的下怀了，自己没必要做"亲者痛、仇者快"的事情。在下定决心后，她要将自己手里那些难伺候的客户变成自己的"优质客户"。于是，她没事就去找那些客户聊天唠嗑，关怀备至，嘘寒问暖。虽然那些客户难说话，但最终都被柳虹的专业和认真所感动，时不时就介绍他们身边的朋友给她。

那段时间，柳虹几乎天天黏着客户。她还曾经为了打动一个客户，将自己的家搬到了客户所在的那个高档小区，那半年时间几乎耗光了她所有的积蓄。当然，她的诚心付出，也确实打动了客户，她的业绩开始噌噌地往上涨。就这样，默默地忍受上司带给她的不公，在一个郁郁不得志的环境中苦熬了三年。那一年，她的上司被公司总部调到别的城市了，临走的时候，居然推荐她接替自己的位子。

柳虹也很纳闷，于是就约上司吃饭询问原因。上司说："我工作这么多年，没见过像你这么能耐得住的人，有这么强韧性的人，都是人才。"实际上，所谓的抗挫力，说到底就是解决问题的能力。多数人在遇到难题或困难时，首先会焦虑不堪，随后便是情绪崩溃。而柳虹则把它当成一次磨炼自己、提升自我价值的机会，于是逆势而上，完成了人生的大逆转。

实际上，很多时候我们所说的高逆商，就是善于把拿到手的一副烂牌通过不断延迟满足感给打好，就是在与挫折斗争的整个过程中，就算是掉到坑底，也依然能够仰望星空，找到方向；就是性格沉稳、情绪稳定，遇到问题绝不会让情绪来消耗自己；在同样的资源匮乏的境遇下，能够给自己制定出有效的策略，通过不断延迟自我满足感从而一改糟糕的境遇。

可现实生活中，多数人遇到难题，其智商往往会被情绪所绑架。这类人因为缺乏延迟满足感的能力，在命运的打击下会冲着故意为难自己的上司疯吼狂叫。这样的人如巨婴一般，智商和情商低下，嗜斗如狂，总是抱怨周遭环境的不如意。

那在现实中，具体我们该如何去做，才能提升自我延迟满足的能力，使自己更富有韧性呢？

第一，无论在怎样的境况下，首先要戒掉情绪，保持冷静。

遇到挫折，你要清楚地知道，情绪是世界上最无用的东西，用在解决问题面前一无是处。你要明白，你当下所有的焦虑和难过，多数是因为你眼中只看到了"失"，而看不到自己的"得"与其中蕴藏的"机"。就像上述案例中的柳虹一般，在困境袭来时，她切实地看到了现实冷笑的嘴角，同时也看到了机会也在向她殷切地招手。于是，才有了后面逆势翻盘的机会。

很多时候，坏情绪会影响一个人的专注度，专注度会影响一件事情的结局。围棋天才柯洁败给阿尔法狗的时候说过，人类棋手都是有情绪的，而机器则没有，这是他输掉比赛的一个重要原因。

第二，将袭来的打击，当成"垃圾"，然后踩到上面去。

有这样一个故事：

有一天，一头驴子掉进了一口枯井中，主人绞尽脑汁想办法想救出它，但是几个小时过去了，驴子仍旧在井底痛苦地哀号着。无可奈何之时，主人就决定放弃，他想这头驴子年纪大了，不值得大费周折去救它。

随后的几天，都会有无数的人往井中扔垃圾，驴生气极了，不停地抱怨：自己太倒霉了，掉到了井中，主人也不要它了，就连死也不让它死得舒服一点，每天还有那么多的垃圾往它身上扔，太受气了。

但是，终于有一天，驴的思维发生了转变，它决定改变自己的态度。它每天都把垃圾踩在脚下，而不是被垃圾所淹没，并从垃圾中找出一些残羹来维持自己的体能，终于有一天，它又重新回到了地面之上。

就如驴子的情况，想要从这"枯井"中脱险，面对袭来的"泥沙"，你可以悲观地静等被埋，也可以积极地抖落掉它们，然后借助它们站到上面去。比如在上司刁难时，不生出打击报复的坏主意，也不对眼前的困难做过多的胡思乱想，一切以"提升自我"为根本目标去做事。什么不公平，什么办公室政治，什么领导冷暴力，统统放到一边去。很多时候，手里拿着一副烂牌，却敢用实力来赌自己一定会赢，真的是需要气魄和胆量的。所以，一切的反转和逆袭，无非在反复印证一句话：能跑得过低谷的人，没什么能拦住他爬上巅峰。

努力改掉拖累你的那些"坏习惯"

俞敏洪曾说过这样一句话，一个人的贫困，意味着其对低品质生活的过度沉迷，并且沉浸其中无力挣脱。这句话告诉我们，一个在心理和精神上"贫困"者，在物质上是难以富有的。而心理和精神上的"贫困"者，多数情况下，追求的只是即时满足式的低品质的生活并已经形成了一种习惯。诺贝尔经济奖得主阿比吉特·班纳吉经过长时间的研究发现一个现象，那些长时间生活在贫民窟中的人，都有一个共同特点：他们一有多余的钱就去买好吃的；就算吃不饱饭也要买电视；他们的孩子即便上了学，也不爱学习；他们吃东西着重口味，从不关注自己的健康，却会在买药看病上倾家荡产……这些都告诉我们，这些人都是只顾获得眼下的满足感而不考虑自身的长远利益。对此，班纳吉曾说，低品质的人生，不仅生活本身缺乏安全保障，而且受困于生活现状，不断地为低品质的生活习惯而付费，从不懂得投资未来。而一些生活中的强者，他们之所以能不断地摆脱生存困境，获得财富，主要是因为他们有对高品质生活的追求，从而形成了高品质的生活习惯，他们注重投资未来，懂得延迟当下的满足感，拥有长远思维的习惯。再加上他们目标高远、眼界开阔，在对孩子的教育上，也鼓励孩子自己奋斗，成为一个高品质生活的追求者。所以，从这个角度上说，一个人要想摆脱贫弱的状态，首先就要改掉那些拖累你的那些"坏习惯"，培养延迟自我满足的能力以及长期主义的思维方式。

英国著名小说家乔治·奥威尔也在《通往威根码头之路》一书中，描述英国穷困人的生活："他们的食物主要有白面包、人造黄油、罐装牛肉、加糖茶和土豆——这些食物都很糟糕。"但是他们并不愿意花钱去买更健康的食物，甚至花更少的钱吃到健康食物也不愿意。"一位百万富翁可能喜欢以橘子汁和薄脆饼干当早餐，但一位失业人员是不会喜欢的……当你陷入失业状态，你并不想吃乏味的健康食品，而是想吃点儿味道不错的东西，总会有一些便宜又好吃的食品诱惑着你。"

追求即时的口味满足是人的本性，而拥有延迟满足感能力的人会让自己吃得更健康，健康的食物往往口感上稍逊一筹。而对于美味的诱惑，那些短期主义者是没有抵抗力的，所以，他们总是会被健康问题纠缠不断。同时，那些"短期主义者"不仅不注重自己的健康，也不注重孩子的健康，即便是在当今社会，有些国家的人哪怕是花极少的钱给孩子吃一片驱虫片都难以做到，可他们却在追求食物的口味上不断地"浪费"钱财。因为在他们看来，除了通过吃获得口味上的满足外，似乎难有什么其他途径获得身体和精神上的满足感，于是干脆就今朝有酒今朝醉。而这种"坏习惯"是需要支付巨大的人生成本的，它让人丧失理想、丧失激情，进而又陷入贫困的生存闭环中，无法脱身。所以，要摆脱这种生存状态，就必须要学着去打破自我的思维局限性，努力改变那些拖累你的"坏习惯"，并从中获得延迟满足感的能力。

《本杰明·富兰克林自传》中讲述了富兰克林是如何改掉自身坏习惯并培养自身品德的全过程，极为精彩。

富兰克林为什么要培养这种完美的品德呢？他是这样说的：我希望一生中任何时候都少犯错，我要战胜所有缺点，不管它们是天性使然，或是习惯导致，或者交友不慎所致。因为我知道什么是好什么是坏，我想我或许可以达到只做好事而不做坏事的程度。

富兰克林找到了13种重要的美德，分别是：节制、沉默寡言、生活秩序、决心、俭朴、勤勉、诚恳、公正、中庸适度、清洁、镇静、贞洁、谦虚。而且每一种美德下面都有极为简明的注释，以防出现理解的偏差。

然而，富兰克林将这13种美德放在了这样一张表格中，每天检查自己，每周注意力集中在一种美德上面，第一周从节制开始。

他的具体做法是这样的："我决意对每一项美德进行一周的严格的关注，如此依次进行。这样，在第一星期中，我谨慎地避免有关节制的任何细微的过失。其他美德让它们像平时一般，只是每晚记录有关过失。这样，倘若在第一周，我能使写着'节制'的第一行里面没有标着黑点，我就认为这一美德已经得到了加强，而它的相反方面则就被削弱了，其程度可能足以让我敢于扩大注意力到下一项，接下来的一周在两行中都没有黑点。就这样一直下去，我可以在13个星期内通过整个过程，一年可以循环4次。

这个方法有哪些特点呢？

重复次数多。第一项美德节制，一年重复了365次，几乎每天都被关注,每一回合的第一周会花全部的注意力关注,第十三个美德谦虚也至少重复了 28 次,也就是被审视了 28 天。

周期长,使用"年"作为单位。很多人都希望改掉自己的一些臭毛病,或者培养一些好习惯,但往往以失败而告终,极为重要的一个原因是其低估了改变坏习惯或者培养新习惯所需要的时间和耐心,即使富兰克林以年为单位严格执行他的完美品德计划,也没有做到完美。正如那句话所说:你用多长时间培养了一个坏习惯,那就要准备用多长时间改掉它。

生活中,我们或许难以做到像富兰克林那样,事事都追求完美,不过这并不妨碍我们将一些小事情做得更好,我们可以借鉴富兰克林用来改善学习以及生活的方方面面。实际上,我们在改掉"坏习惯"的过程,就是不断获得延迟满足能力的过程。比如,你脾气很差,总是会莫名其妙地向人发火,这已经成为你的拖累。你要改掉这个"坏习惯",可以运用富兰克林的方法,就将脾气填写在一张表格中,每天早上起床告诉自己避免发脾气,在你准备向人发脾气时,不妨有意地提醒自己,这就是延迟自我满足感的过程!同时,还要每天晚上检查是否做到了,如果做到了就打钩,没做到就打叉,每天定时反思自己因何事发脾气了。然后找到原因,对症下药,一月一轮回,过不了多久,便能改掉这个坏习惯。

改正坏习惯与修正自我德行,都是使自我获得延迟满足能力的过程,也是改变自我,不断地修正自己,成为更好的自己的过程。

凡事不投机取巧，守住"拙"与"傻"

"投机取巧"是一种捷径，当一个人在前进的道路上缺乏耐心，急功近利，就会为了获得即时满足感而采取投机取巧的方式，可这种方法最终是无法长久的，无法让你获得更长久的满足感或成就感。而一个人只有懂得"守拙"与"傻干"，才能够脚踏实地、一步一个脚印地积累起扎实的技能、见识或者学问。这种扎实能让人在厚积薄发中爆发出巨大的能量，使人不鸣则已，一鸣惊人！

有一个关于华为董事长任正非先生的采访视频，一位记者问他："您认为华为最大的长项是什么？"任正非答道："最大的长项就是傻，华为从上到下都是大傻瓜，为什么呢，好不好都使劲干……"实际上，他说的这种"傻"就是不受外界诱惑，是通过不断延迟满足感，能全身心地投入事业中，做一个"傻瓜式"的实干家。

一个人能守住"拙"与"傻"，便意味着其有极强的延迟满足感能力。拥有了这种能力，就不会为外界的各种名与利所诱惑，而是会选择踏踏实实地践行"匠人精神"，从不想着如何靠投机取巧去获利，如何靠走捷径去捞功名，那么，便能积累下扎实的职业素养和技能，便能实现人生的突破和逆袭。

在历史上，还有一个强者，也是"守拙"的代表，那就是令后来无数伟人称赞的曾国藩。曾国藩原本是湖南一个小地方籍籍无名且几次落榜的"笨小孩"，到后来成为权倾朝野的能臣武将，与他"守拙"

的行事原则是分不开的。他做事从不投机取巧，凡事都是勤勤恳恳、脚踏实地、反思总结，从而持续性地精进自我。这才有了他后来的"厚积薄发"。

曾国藩在京为官期间，便立下了要做"圣人"的誓言。这个计划对他来说不是说说就算了，而是在行动上做得极为彻底。比如，他给自己设定了每日的任务，包括练字、读书、写诗作文。一旦出现偷懒、缺乏恒心，或者与人交往的言语浮伪、态度傲慢等情况时，都会在日记中进行自我的反省。他的自律性与勤勉，绝非常人所能及。

在创办湘军时期，曾国藩的用人策略与战术原则，也充分地显示出他"守拙"的本色。在招募湘军新勇时，他选择到穷乡僻壤，选拔那些性情质朴的山农，虽然他们没有上阵打仗的经验，但"朴诚耐苦、讲求实际"，军队战斗力比绿营军高出了许多倍。

一提及用兵打仗，多数人想到的都是兵法谋略。但是曾国藩打仗，最强调的是"结硬寨，打呆仗"，这也是湘军克敌制胜的法宝。每到一地，湘军在安营扎寨上就会花费大量的精力，看上去颇有些"笨拙"。但这一策略在曾国荃围攻天京时，便显示出了巨大的优势。由于当时南京城的城墙既高且厚，且太平军人数有近20万，在长期的拉锯战中，湘军挖沟建濠，形成了最后一道牢固的防线，最终在攻下南京城发挥了重要的作用。

曾国藩是家中的长子，他对自己的兄弟与子女的教育方式上，也显得有些"迂"。他长年在外，无论公务有多忙，他都不忘给在湘乡的兄弟子侄们写信，指导他们的功课，不厌其烦地教他们做人处事的道理。这些信件都得以保留下来，成为《曾国藩家书》。他的这种教育方式有时也会引发抵触情绪，尤其是脾气暴躁的九弟曾国荃，常常在信中和曾国藩产生争执，但曾国藩总是会耐心地给予劝导。家中妻子每天要早起做家务、做小菜、纺线织布，即便是曾国藩身居高位，亦是如此。

纵观曾国藩的一生，无论在怎样的境遇中，其性格中的"诚""拙"和"傻"始终是存在的，可以说，他一生将延迟自我满足感演绎到了极致。这样的"拙""诚"和"傻"，才让人心生敬意。

生活中，很多人都认为唯有投机取巧，才是达到人生目的的"捷径"。实际上，那是最大的一条弯路，真正的捷径是脚踏实地，一步一个脚印扎实地走到目的地。

你一事无成，可能是因为"太聪明"

任正非说："华为没有秘密，就一个字'傻'！"的确，一个能将"傻"功夫演绎到极致的人，也是将延迟自我满足感能力发挥到极致的人。而生活中很多人之所以一事无成，就在于太过聪明。做事的时候总想着通过技巧或走捷径达到目的，最终致使自己无法在一项技能或某项事情上面专注，结果致使根基打得不够稳固，难以长远。

《士兵突击》中的许三多，被人说得最多的就是"你个'傻子'！"

起初，他被分配到草场驻地，别人都抽烟喝酒打牌，他却安安分分地踢正步、练枪、修路。修的路被团长从直升机上看到，便被调到全团最厉害的连队。因为晕车，他一口气做三百多个腹部绕杠，吐得快要死了一样，自此以后再也不晕车了。

他就这样，将每一件事情都当成生命中最重要的事情来做，脑子轴得跟钢条似的，成才骂他："你这是图什么呢！"他却咧着一口大白牙，笑而不语，继续努力。从尿兵，一路干到特种兵，成为真正的兵王。

那个曾经无比讨厌他的连长高成也说他："他每做一件小事儿的时候都像救命稻草一样抓着，有一天我一看，嚯！好家伙！他抱着的是已经让我仰望的参天大树了。"

作家周源远说："我们活得东倒西歪，是因为我们太过聪明。"的确，生活中，很多人一事无成，是因为他总是在思量这样做究竟值不值得，在算计付出与收获的比例是否一致，在比较周围人是不是也像我这样傻……边努力边精心地算计，生怕上天对自己有一丝的不公，他们缺乏延迟自我满足感的能力，总想着自己的付出，能获得等价的获得，而不愿在"等待"中坚守，打基础。所以，很多时候，你的努力只是看起来很努力，这样的努力，自然难以使"梦想成真"！这样的人也注定会沦为"弱者"。

你练习写作，想当作家，别人说，你好好地工作，挣得又不少，为什么费那个劲去练写作。你掂量了一下，觉得有理，然后直接放弃。

你学舞蹈，想塑形减肥，可刚上完第一节课，你就被高强度的训练累趴下了。朋友劝你说，你傻呀，学什么不好，塑形瘦身的方法有很多呀，比如节食、运动，你干吗去受那个罪！你掂量了一下，觉得有理，然后直接放弃。

你外出旅行，想开阔眼界，可刚一出门，你就觉得外面有百般的不如意。家人说，你傻呀，在家安安静静、舒舒服服地待着不好呀！干吗出去花钱找罪受！你掂量了一下，觉得有道理。还没到目的地，便原路返回。

生活中，绝大部分的人活成了分杈乱飞的杂树，只有少数人活成了笔直的、足以刺破天穹的参天大树。对此，人们非常惊讶："你们是怎么做到的？"研究了那么多，原因很简单：你太过聪明了。你的触角往一个领域一伸，感觉到不如意，受伤了，获得不了满足感，便立即收回来，再换一个方向。

你很想冒险，却吃不了苦，更不愿意在坚守中孜孜以求。你在自我陶醉中，将生命浪费在寻找一个又一个人生方向上面，却从未坚持在某一个方向继续伸长，因为你不相信，那样的坚持会有成效。但是总有另一些人，他们只是在傻傻地坚持着，他们咬牙，他们在别人的质疑、谩骂、羞辱中逆天生长，等你有一天抬头一看，嚯，好家伙，他已经是你无比仰望的参天大树了。你之所以东倒西歪，之所以一事无成，之所以在不断的迷惘中将生活过得一团糟，就是因为你太过聪明，你的骨子里，缺乏一些傻气，一些"阿甘式"的天真。

这个世界，从来不会亏待对自己下狠劲的人。正如《士兵突击》中，许三多对成才所说："日子过得太舒服了，就会出问题。"也许我们不一定能做到极致，成为传奇，但是那些被人视为"傻子""蠢材"的人身上，确实有值得我们学习的诸多闪光点，比如：他们敢于折腾自己，从不会待在属于自己的舒适区里混吃等死。生活中，每个人都有属于自己的舒适区，农夫精于耕地，程序员精于某一种语言编程；作家精于某种写作方法写作；画家精于某一派的笔法，等等。当我们在某种生活程序中习惯时，很少有人会去突破自我，尝试生命的另一种可能。可那些一往无前的"傻子"们，往往都会不停地折腾自己，比如精于一种语言，他们可能还会再去学习另外一种语言；精于一个流派的画法，还会去尝试另外一派的画法，总之，他们会将自己的技能练习到极致。

另外，如果他们从事的是一种机械性的劳动，那么，他们会去积极思考，提升自我工作的熟练程度。比如 10 小时能完成的工作，能不能在 8 小时内完成，能不能在 6 小时内完成。20 分钟能打一份 2000 字左右的文件，同样一份文件能不能在 15 分钟内完成……日本的木村为了种苹果，先在叶子上面下功夫，再是树，再是虫子，再是土壤，再是整个生态系统。正是因为不断地刻意研究，他才能不断地接近问题的核心，种出畅销全日本的苹果。

作家大钱说："成年后受过最好的夸赞大概是'天真'。当然，小时候也这么被夸过，但这两者是完全不同的概念。那时候的'天真'是'蒙昧'，是还未开花的状态，人生尚为一片混沌局面。而成年后的'天真'是一种选择，是心里透亮，是清醒明白人生之路会越走越窄，但依然英勇地选择去做一个天真的人。"

人生的路是越走越窄的，也许你在少年时期曾经浮想联翩，什么都想要，但是经历世事，你就会明白，生命中 99％的事情，与你无关，对于你毫无意义。对你真正有意义的，只是那条挥洒了你无尽汗水、热情的路。

弱者爱"争"，强者从不去"争"

有位学者曾说过这样一句话：一棵树从来不会跟草去比较，也不会跟小草去争抢。因为在短期来看，草的成长速度确定要比树快，但是几年过后草已经换了几拨，但是树依旧是那棵树，这个世界上有存在几十年的树，却没有存在几十年的草。同样地，一位生活中的智者，从来不靠与人"争抢"来获得暂时的满足感，而是懂得主动让出和与人分享利益，所以，他们能赢得人心，获取更多的资源，看似不争，却获得了实实在在的好处或者满足感；而一些愚者，看到一丁点儿利益便会扑上去与人争抢，最终也只是获得了眼前的一点利益，得到暂时的满足，却失了人心，少了资源以及各种增添自身力量的助力，可谓是得不偿失。

实际上，古今中外的智慧都告诉我们，"不争"才是最高明的"争"，最有效的"争"最不具伤害性，既不伤害他人，也不伤害自己。

世界上那些最强大的人，不是争名夺利者，而是那些不争而有为的人。这些人不喜欢"争"也不会因为外物而蒙蔽自己的心智。但是他们的真才实学，最终会将他们推向"出类拔萃"的巅峰。一代"书圣"王羲之不仅是书法大家，也是"为争而不争"的极品人物。

王羲之出身贵族，东晋著名丞相王导就是他的父亲，深处权力的核心，王家可谓显赫鼎盛。然而，王羲之并没有浸染上狂妄轻浮的恶习，而是一心钻研书法，苦心读书。

大将军郗鉴家有美貌千金，为了与丞相联姻，郗将军特意派门客给丞相王导送去一封信，希望王丞相在他的儿子中给自己找个女婿。

同丞相一样，大将军也是家世显赫，成为他的女婿，不但意味着荣华富贵，同时还意味着前途无量。王丞相的儿子们自然也明白这桩婚姻的重要性，他们都非常希望自己能够成为大将军的女婿。

王丞相也认同这样的婚姻，但是他没有偏向任何儿子，他给了每个人相等的机会。于是他对来人说："你到东厢房（儿子们的居住地）任意挑选吧。"

门客依言到东厢房，看了情况后，他回去禀告郗鉴说："王家的几个儿子都不错，听说您要选女婿，一个个都一本正经地让我看，都想给人留下一个好印象。只有一个儿子不同，他敞开衣襟袒露着肚皮，很随便地躺在床上，根本不关心选婿的事。"郗鉴听了很高兴，说："我就喜欢这样的人！"

这便是著名的"东床袒腹"的故事，那位主人公就是王羲之。"为而不争"成就了他的美满的婚姻。

每个人都有从内心深处追求个体生命的卓越和追求自我价值而带来的崇高感。而在追求中，"争"是必然的，而"不争"则是冷静地迂回之策；"有为"才是自我价值的真实体现，而"无为"则是一种权宜之计。用延迟自我满足感的"不争"而达到"争"的目标是一种高明的"糊涂策略"。

关于"争"与"不争"的辩证，老子说，"上善若水，水利万物而不争"，即为水总是流向低处的，善利万物而不为自己利益争先恐后，情愿谦虚就下，滋润万物无声无息，不与万物相争，天地间往复循环，生生不息。水可以包容一切，只要有缝隙，便会用柔弱的身体默默地去填充、去温暖、去接纳。就像慈母那般温润着万物，滋养着万物，蓦然回首间，水已将万物万事包容在胸中，而万事万物都无法离开水的滋润。水是柔弱的，然而巨斧却无法将之劈断；水是谦卑的，遇石绕石，遇山绕山，然而就在日复一日、年复一年的环绕下，石穿山平；水是温柔的，然而水也会泛滥，拔山倒海，淹没农田城市。水，以其柔弱为用，以柔克刚，以退为进，以其不争而胜，这便是水的不争之争。要做一个智慧之人，就应该如水般，以"不争"之大胸怀而达到"大争"之目的，它是一种高明的处事策略和为人方法。

第五章

掌控内在的欲望：延迟满足感是一种自律行为

　　斯科特·派克在《少有人走的路》中讲道，自律是解决人生痛苦的一种绝妙方法。而要自律，首要原则就是要懂得延迟自我满足感。从心理学上讲，自律就是通过对自我欲望的掌控，让自己不贪图短暂的安逸，先苦后甜，重新设置人生快乐与痛苦的次序，就是让人直面问题，并感受痛苦。然后等问题解决后去享受更大的快乐。所以说，一个人越自律，就意味着其延迟满足感的能力就越强。同时，其延迟满足感的能力越强，那么也会越自律，两者是相辅相成的。所以，生活中，我们可以通过掌控自我内在的欲望，来不断地加强延迟满足感能力，从而让自己拥有更强的自律能力，从根本上让自己成为更好的自己，拥有更好的人生。

自律可以培养延迟满足感的习惯

斯科特·派克在《少有人走的路》中讲道："要让一个人养成推迟自我满足感的习惯，就必须让他们学会自律。要让他们养成自律意识，对安全感产生信任，父母就必须要以身作则。这些心灵的财富，来自父母表里如一的爱，来自父母持之以恒的照顾，这是父母送给子女最好的礼物。假如这些礼物无法从父母那里获得，孩子也有可能从其他渠道得到，不过获得礼物的过程，必然是一场更为艰辛的奋斗，通常要经过一生的战斗，而且常常以失败告终。"这里告诉我们要加强延迟自我满足感的能力，就要学会自律。也就是说，自律可以让你的这种能力得到加强。

而在生活中，真正的自律是积极主动去做一些自己不愿意做，却能让自己变得更好的事情。那是对自我意志力的巨大挑战，因为人都有避苦趋乐的天性。在这种天性面前，自律者总能有意识地控制自己，有原则地对待事物，从而主动掌握自己的心理和行为。比如，即便在情绪不好的时候，仍旧能克制自己微笑对人；比如，非常想躺在沙发上看电视，你还是起身去健身房锻炼身体；比如，即便是百般的困难，你仍旧每天能坚持早起。自律的人，因为能够看到长远价值而选择放弃部分的短期价值，通过不断地延迟满足感，从而来掌控自己的人生。

若说能将自律贯彻一生的，非曾国藩莫数了。一个人对自我的管理和约束，从未放松过一时一刻，这样极强的自控力，让人佩服得五体投地。

曾国藩作为睁开眼看世界的第一人。其胸襟、气度可以说是气吞山河；其成就和功绩，可以说是不世之功；其影响、教化，可以说是德厚流光。

他求才若渴，为晚清培养了一大批贤能的人才，他知人善任，培育出了一大批拥有赫赫之功的贤能重臣。他思想前卫，开辟了洋务运动，师夷长技以制夷，推动了国家前进的车轮。就是这样一位，文可治国，武可领将的聪慧之人，却从小就是别人口中的笨小孩。

年轻时期的曾国藩，也与千万个迷茫中的平凡青年人一样，既没有定力，也没有能力。在《曾国藩家书》中曾记载了这样一个让人哭笑不得的故事：

说是一天半夜，小偷入室偷窃，因为屋中亮着灯光，传来读书声，小偷心想，此时已经夜深人静，读书也读不了多久，等等也就睡了。于是，他就藏于屋内的房梁上面，静等其入睡。可屋内的小孩，短短的一篇文章却背了一遍又一遍，小偷睡过去一次又一次，他还在背诵那篇文章，实在是笨得忍无可忍。小偷遂从房梁上下来，入室，破口大骂，"你这种笨脑袋，读什么书?!"然后就将那篇文章背诵如流，扬长而去。曾国藩的笨拙，竟然让小偷气得忘记了自己本来偷盗的目的。

就是这样一个笨拙的人，却有令人瞠目结舌的自律力。他一生都在执行对自己的高要求，哪怕是病危离世，都未曾停止过读书和写日记。无一日不读，无一日不记。

不仅笨拙，曾国藩身上还有诸多极为顽固的陋习：贪色、妄语。总之，无论从哪个角度去看，他都是一个成不了大器的平庸人。但为了改正自己身上的陋习，他着实也下了一番功夫，那是一场严苛的自我管控的过程。为了改正贪色，他下定决心记日记。他在日记中反省一天当中的过失，以此来警示自己。这日记一记便是几十年，与他寄给亲人的家书一道，被后人编成了内容丰富的《曾国藩家训》，成为世人信奉的行为准则。

为了改正妄语，他听从他人的建议，每天静坐一个小时，修身养性。这样雷打不动的打坐习惯，他足足坚持了一辈子。硬生生地将自己尖锐毛躁的性子打磨得处变不惊。

正是凭借着这种苦行僧般的自律，他最终实现了人生的逆袭。从天赋平常的笨小孩，变成了世人眼中的"完人"。曾国藩的那种自控力与执行力，着实震撼人心。多少人，都在为懒惰找借口。哪怕所说的21天养成一个习惯，又有多少人坚持呢！更何况，用一生来坚持。我想，多数人都会望而却步。别说执行，听到都会退避三舍。

可见，决定一个人高度的从来不是什么天赋、家世，而是自律。那是一种能让人从"笨拙者"脱胎换骨，成为"天才"的力量，可以让普通人逆袭为"人生赢家"。

《意志力》一书中讲道，最主要的个人问题和社会问题，其核心都在于自我控制与个人延迟满足感能力的缺失所带来的。比如不由自主地想花钱借钱，冲动之下打人，成绩不好，还不由自主地想着去玩耍，工作上面拖拖拉拉，酗酒吸烟，饮食不健康，缺乏锻炼，长时间焦虑等。当然，"自我控制"只是暂时或一次性的行为或动作，而自律则是人们因看到长期价值，而进行的长久的自我约束、自我管理与自我控制，从而收获美好的人生。

一句话说，一个管不住自己或者说无法约束自我，总是肆意放纵自我欲望与自我情绪的人，凭什么要求生活优待你。要知道，每个人都不是一座孤岛，不是说你有一点成就了，就可以想做什么就做什么。做人的最高境界是节制和约束，而不是释放，所以我们要懂得享受节制和约束，最终你定能收获一个相对完美的人生。

不做"机器人"，而是对"自我"进行有效地管理

自律是让一个人养成推迟自我满足感习惯的有效途径，所以，生活中，我们要懂得学会自律。而一个人真正的自律，就是不让自己恣意放任自我，随心所欲，而是能够靠强大的意志力做到自我主宰和很好的自我管理。在生活中，多数人对自律都有一个认识上的误区：早上 6 点起床，晚上 22 点准时睡觉，就是一种自律；给自己制订了一个健身计划，严格按照计划做，分毫不差，就是一种自律。实际上，延迟自我满足感能力的提升，坚持自律，不是让你去做一个"机器人"，非得要求自己在规定的时间内做特定的事情，而是一种高效的自我管理能力。

那么，在现实生活中，我们究竟要如何去做呢？

1. 下定决心决定的行为要有持续性。

张强经常会给自己定计划表：明天一定 6 点起床，学会 20 句英语口语，结果坚持没两天就宣布放弃……接下来，因工作需要，她又给自己定计划表：从明天开始每天坚持读半个小时书，结果书买回来头一天读了几页后，就一直放在床头，再也没翻过……

刘飞看着体检表，听着医生的劝告：有几项不达标，你要注意休息了，别再熬夜了……接下来的一周她遵医嘱，晚上按时睡觉，但后来又因为与客户谈事而熬通宵，不到半个月生活就回到了原来的轨迹……为了健康，她开始计划着戒烟戒酒，刚坚持不到两天，晚上就被朋友拉到酒吧，结果喝得酩酊大醉……

张宣因为自控力差、脾气大，经常与周围的同事发生这样或那样的不愉快，致使她在单位的人缘极差。接下来，她下决心改变自己，与人交往时始终保持微笑和不急不躁的态度。这状态保持了三天，接下来就因工作问题与上司发生了争吵……辞掉工作后，张宣开了一家小服装店，因为自己的生意，她又决定改掉自己的坏脾气，不断告诫自己在与客户打交道时一定不能急，火气上来后要控制自己。但坚持没几天，她却因为服装的价格问题与进货商发生了冲突……

不可否认，生活中能"开始"自律的人很多，但最终能"坚持"自律的却没多少。相比不自律来说，更可怕的在于，你总是沉醉在间歇性的"伪自律"的假象中，享受它带给你的自我满足感。我们总是不断地给自己列各种学习计划表，这月学英语、下月学法语、下下个月学西班牙语，结果都没能坚持几天就放弃，各种语言只学了点皮毛，还给自己冠以"爱学习"的标签，在朋友圈炫耀自己的上进，这种没有目标、毫无持续性的"伪自律"，很容易让我们在自我满足感中迷失。

一切落实不到具体行动的"打鸡血"，都是伪自律！真正的自律是有持续性的，能让你预见并实现美好的结果的。

2. **要有明确目标的自律。**

每天按时起床准时吃饭睡觉，这些看似自律，实际上是一种行尸走肉般的生活。因为他们在做这件事时没有明确的目标，单纯是为了"过日子"，不知道自己为何而活，就是混吃等死。所以，一个对生活毫无目标的人，不配谈自律。

真正的自律达人，能让其长期坚持一件事的，多是激情的驱动，而并非单纯的个人意志力的鞭策。当一个人的激情只有为目标而燃烧的时候，才能够持续且产生价值。

3. 习惯性的自律。

在生活中，很多人能将一件事长年累月地坚持下来，主要依靠个人激情和热爱的驱动。而单依靠个人意志力，是极难坚持去做一件困难的事情的。要将一件困难的事情持续下去，还要将它培养成一种习惯，让它成为你生活中必不可少的一部分。

大学期间，宿舍共住六个人，大家似乎都很迷茫，不知道具体要干点什么才算是有意义的事情。后来，受一个写作爱好者的影响，连续一个月时间大家都开始坚持每天写日记，但是还未到一个月，大家都放弃了。

其他五个人对那位坚持写作的同学说："每天写作貌似没啥用啊，期末又不考试写作。还不如多做些英语题来得实在，兴许还能早一点儿考个英语四级。……在这样的小城市，多学些技能兴许毕业后还能找个不错的工作。……坚持写作又有什么意义，我们又当不了作家！不如早点放弃吧。"

而坚持写日记的那位朋友只是笑而不语，只是默默地坚持着，直到毕业时。当大家都在为找工作而不知所措时，她却早早地被一家报社聘去做记者。原因是，大学时她就不停地往这家报社投新闻稿，其中有20余篇都被采用。

同宿舍一个人曾问她："是什么让你一直坚持写作的，如此枯燥的事情你竟然能坚持下来，真是不容易呀！"

她说："我刚上大学时，就给自己买了六本厚厚的日记本，曾发誓一定要用文字将它填满！于是，我每天晚上就开始写日记，倾吐自己的心声。大概坚持了两个月，我发现这个习惯已经成为我生活中的一部分了，每次有心事就想通过写作倾吐、发泄。"

听完她的话，那位舍友才明白：要长久地坚持做一件事情，需要靠意志力和兴趣支撑。其他的几位舍友之所以坚持不下来，完全依靠个人意志力，等意志力消耗完毕，放弃就是必然的结果。

当你不需要别人的监督时，自律已经成为你的习惯，成为你生活中的一部分。那么，自律就是水到渠成的一件事了。

要保持自律，不能单纯地依靠个人意志力，等意志力消耗完的时候，就是你放弃的时候。这个时候，你就要懂得给自己注入激情，比如你畅想这样做一定能给自己带来预期的回报，如此你就不会觉得累，更不会觉得难。做到这些都不算难，真正难的是你该如何保持对生活的热爱和练就的对任何事情都认真的态度，以及那颗始终不甘于现状的心。

靠意志力来支撑你的自律行为，是一项技术活

当我们认识到自律对培养延迟自我满足感能力的重要性后，或者说一个人自律行为的本身就是在锻炼延迟自我满足感能力的话，那么，接下来一个极为关键的问题就是：如何才能真正做到自律。很多人会说，你必须强迫自己、逼迫自己去行动，才能达到既定的目标。而强迫甚至是逼迫，是一个让自己深感不快甚至痛苦的事情。比如，你想瘦身减肥，激发了自己出去运动的动力，你想锻炼的意愿就必须比躺在沙发上玩手机的意愿更为强烈才可能让你真正走出去。在这样的情况下，你大脑中需要不断地尝试很多次才有可能会成功一次。也就是说，要拥有持续性的自律，难道就意味着非要靠个人的意志力，一次次地忍受痛苦，才能变成现实，达到既定的目标吗？实际上，仅靠个人意志力去长期维持一种行为，是一件难事。对此，著名的心理学家阿尔伯特·班杜拉曾指出，意志力是一种消耗品。当你做事缺乏动力时，意志力的消耗会猛增。意志力消耗量较高时，你会难以长期地维持一个行为，自律也就无从谈起了。

刘枫最近和朋友聊天，总是会忍不住吐槽自己的意志力太弱。他说："比如说我会同时发展许多的爱好，且以为自己都能够 Hold 住。夏天的时候跟着朋友学滑板，滑板滑了十几天，没学会带板起跳便放弃了。在支教的时候学习吉他，买了一把吉他还没弹几天，就放在一边再也没拿起来过，理由倒是有一箩筐……我如何才能将一件事情坚

持到底，并成为更好的自己呢？我对自己有些气馁，又生气。有时候
我还学着去安慰自己，人的意志力也许天生就有差异，某些人生来意
志力就比别人强。而我却是最普通的那一个。""三分钟热度"是刘枫
极不情愿给自己贴的一个标签。他曾经尝试着做一些改变，但结果却
总是不尽如人意……

实际上，意志力并非全靠主观控制的，真正让你通向意志力强大
之路的，是那些你为自己创造的条件与适当的方法。你的意志力不够
强，真的不能怪你，你只是没有找到合适的方法。通俗来讲，依靠意
志力来支撑你的自律行为是一项技术活，下面，我们就着重介绍一下，
如何依靠意志力来有效地维持你的自律行为：

1. 分清楚主次，避免意志力的损耗。

意志力是一种消耗品，它是一种有限资源，要省着用。每天早晨
起床后，通常人的精力最旺盛，意志力储量也最大，但随着一整天处
理的事情越来越多，意志力便会慢慢地被消耗。所以，我们应该将意
志力用用到最重要的事情上。

要知道，一些艺术家闭门创作的时候不修边幅，并非是为了表现
另类的一面，而是他们将意志力都用到了需要消耗巨大能量的创作
上；一些商业人士为何不怎么爱说话，不是因为他内向，而是将意志
力都用到了需要消耗巨大能量的商业运营策略上。

一般来说，早晨的时光都是异常宝贵的，我们一定要好好运用它，
否则等黄金时间一过，当你再想用意志力去实现目标的时候，已经做
不动了。

2. 对目标进行有效的管理，减少决策所带来的疲惫感。

"一选择就陷入纠结中"，是很多人迟迟无法专心去行动做一件事

的主要原因。他们的目标太多，需要做更多的决策，其内心也就越纠结，行动力自然也就低下了。这种"纠结"真的会消耗人的意志力。比如你决定要购买一套住房。你开始思索：是买到市中心图交通便利，还是到郊区去享受好的环境？是买大开发商享受好物业，还是买小开发商图性价比？是考虑自住，还是要考虑未来的升值空间？等等，这些都不够，比如户型、朝向、楼层等，最终把自己搞得筋疲力尽，甚至都不想买了。

所以，在决定靠自律改变自身时，为了避免陷入决策疲劳，请将事情按轻重缓急排序，然后紧着最重要的去立即展开行动，合理的目标管理才能帮助你用好意志力。

3. 及时为你的意志力"充值"。

生活中，那些最消耗个人意志力的是"负能量"，比如消极的情绪、周围消极的声音，等等。所以，要保持较强的意志力，就要远离这些"负能量"，并且懂得运用积极的动作、充满正能量的话语等给自己的意志力"充充值"，帮助自己更好地实施自己的计划。

一位朋友在自己创业期间，曾经在家里的墙壁上、书桌上，到处都贴着励志性的标语。甚至在客厅正中央贴了一张巨型的豪车图片，每当自己消沉的时候，就会告诉自己："今天我要去把这辆豪车的轮胎挣回来！"

在日常生活中，我们也会发现，与销售相关的行业，通常都会开晨会，会场气氛异常地激烈。平常人可能会觉得浑身起鸡皮疙瘩，但这却是充满意志力能量最好的方法。越是有挑战性的工作越是需要更多的意志力。

一位想要减肥健身的女性，为了督促自己每天跑步，特地跑到商场花了几万元买了一条高档的裙子，为了能早日穿上这条裙子，每天便雷打不动地去减重、节食……

别以为这种"打鸡血式"的方法没有用，目标视觉化后，分分钟能够提升自己的意志力"能量"。要知道，达成目标的路上有太多的诱惑，当我们看到满墙目标的那一刻，很可能会因为短暂的懈怠而产生羞愧感，从而让自己重新投入有意识的奋斗之中。

用意志力将自律行为变成一种习惯

我们知道，个人的意志力是会随着时间的推移而不断地损耗的。所以，要保持自律的状态，最好的方法就是运用意志力将一行为持续性地变成自我的一种好习惯。要知道，一个人的习惯是强于理智的，而且习惯几乎不损耗人的意志力。

在现实生活中，我们也会发现，习惯了每天跑步的人，每天就是跑 10 公里也很轻松；习惯了早起的人，从寒冷的床上爬起来不再痛苦。要真正搞清楚这一点，我们就要了解大脑是如何处理行为的。

美国心理学家斯蒂芬·盖斯在《微习惯》一书中指出："人脑有两种行为处理模式。有意识处理行为和无意识处理行为。前额皮层负责处理有意识行为，如果有能改进的地方，它就会介入。但因为它的功能太过强大，所以会消耗太多精力，让你感到疲劳。它就像一个聪明的弱者。当你疲劳时（或者有压力时），掌管重复的部分（基底神经节）就会接管大脑。研究发现，基底神经节掌管行为的，即使被明确制止，也会克制不住模仿研究员的荒谬行为。它虽然非常'愚蠢'，一味模仿、行动，但同时也非常强大，不消耗意志力，也不依靠情绪。"他告诉我们，在生活中，如果你想把某一件很重要却做起来很累的事做好，最简单的方法就是在行动时，请前额皮层让位给基底神经节去负责这些行为——将你想要做的事，培养成习惯。

培养习惯靠的是意志力。意志力是我们用来克服抵触情绪，采取行动的能力。它可以像肌肉一样得到强化。如果你连续 60 天做 100 个仰卧起坐，即使还没有形成全自动行为，第 61 天时，你也会觉得比第 1 天时精神上轻松很多。当习惯养成后，行为既不损耗意志力，也不需要靠动力。研究发现人们进行习惯动作时并不带有情绪。当习惯养成后，对意志力的损耗会越来越小，直至你再也感觉不到自己的抗拒。

养成习惯就像是在行为和基底神经节之间建一条高速公路。通过不断地重复，随着次数的增多，这条神经通路就会更粗、更牢固。很多事就变成了一辈子的习惯，一劳永逸。

小说家村上春树在刚开始跑步时，是这样描述他的经历的：

刚开始跑步之后，有那么一段时间感到痛苦，因为我跑不了太长的距离。20 分钟，最多也就 30 分钟左右，我记得，就跑那么一点点，便气喘吁吁地几乎要窒息，心脏狂跳不已，两腿颤颤巍巍。因为很长时间不曾做过这样的运动。

然而直觉却告诉我，跑步这件事我必须要坚持做下去。于是，凭着毅力我将跑步这件事情坚持了下来。跑了一段时间后，我的身体便接受了这件事，与之相应，跑步的距离一点点地增长。跑姿一类的东西也得以形成，呼吸节奏变得稳，脉搏也安定下来了。速度与距离姑且不问，我先做到坚持每天跑步，尽量不间断。

就这样，跑步如同一日三餐、睡眠、家务和工作一样，被组编进了生活循环中。

这是一个循序渐进、耐心坚持的过程。同跑步需要坚持一样，村上春树还发现生活工作中处处需要坚持。

村上春树自己也知道，自己是个易于发胖的人。为了不增加体重，他每天坚持运动并且留意饮食，处处有所节制，生活过得很是费劲。可跑着跑着，村上春树又认识到自己生来易胖的体质却是一种幸运。他发现如果他从不偷懒，坚持运动，那么身体便会越来越强壮。相反，原本让人羡慕的、什么都做也不发胖的人，由于无须留意运动和饮食，随着年龄的增长，体力反而会日渐衰退。

村上春树是个自律者，从设定目标，再到动用意志力坚持，然后再坚持到最后，养成了一个良好的习惯。然而这个良好的习惯一旦养成，将不需要意志力便可以更好地维持自律的状态，这是一个良性的循环。所以，当我们想通过自律行为来改变自己时，那就运用前期的意志力将行为变成一种习惯。

比如，你躺在沙发上，特别不想把当天遗留的工作给完成，我们趋乐避苦的本性会控制你，对你说，宝贝，躺着多舒服，工作今天不完成也不要紧！这时你可以用前额皮层告诫自己：就做一点点，明天完成这工作，说不定上司见我表现积极，会给我加薪呢！

早上起床，你躺在床上，特别不想早起去跑步，本性会说，宝贝，床上可真舒服啊！听到外面呼呼的冷风了吗？出去跑步不是找罪受吗？这时你可以用前额皮层告诉自己，我就去湖边转一圈。

你手里刷着手机，特别不想看书，我们的本性会说，宝贝，手机可真好玩啊，神经病才去看书呢？这时你就用前额皮层告诉自己，我就看三页书。

……

如果刚开始你觉得自己难以做到自律，那可以先从一个极小的事开始做起，然后从点滴之中养成习惯，然后相信时间的力量。在行为心理学上，这种方法叫作"微习惯"策略。运用这种策略来管理自己，所出现的最为糟糕的情况也只是没有超额完成目标而已。而最好的可能，是你将自己45％的行为重新洗牌。用毫不费力的方法，达到任何你想要达到的目标。

对自我欲望进行有效的节制

延迟满足感的本质其实就是达到更高或获得更好的结果，而通过对自我欲望进行有效地掌控的过程。也就是说，要培养延迟满足感的能力，最重要的就是在实施个人目标的过程中，懂得对自我的欲望进行有效的节制。

刘枫本是一个勤奋的人，刚上高中时学习成绩很好，曾被家里的父母寄予了厚望，那时全家人也觉得以他的成绩，考个一般性的全国重点大学是没有问题的。然而，天不遂人愿，他因为高考发挥失常，只考进了一所普通的一本院校。经历了大考的失败后，刘枫整个人陷入了极度的迷茫状态。他曾对朋友说，上大一的那年，他几乎都是在沮丧和绝望中度过的。他逃避痛苦，逃避思考，整个人都下意识地逃避一切复杂的东西，除了应付上课，他每天都行尸走肉般躺在床上刷剧。在一个以自主学习为主的文科专业里，想混日子打发时间真是太简单了。

刘枫曾向朋友讲述了他那段时间的感受："那种状态真的太糟糕了，整整持续了有三个月之久。我每天面无表情地追完每一部剧，在舒适区就地躺下曾给他带来了极大的安全感，但是自己却感到极为痛苦，我根本无法接受平庸的自己，所以开始尝试着改变。"

"我先给自己制订了满满的计划，一天的安排从早上 5 点到晚上 11 点，从学习生活到健身运动。"他告诉朋友说："在实施计划的第一天，我没能早起，竟然连闹钟都没听到。这带给我的失落感让我一整天都打不起精神。第二天，在五个闹钟轮番响起的情况下，我挣扎着起来了，结果因为睡眠不足一天都浑浑噩噩。在接下来的半个月时间里，我几乎每天都失眠。在我的计划里，光早起就用了近一个月的时间来完成。之后，更大的缺点显现出来，我自小就是个完美主义者，因为几次没按原计划去执行，这些缺陷使我陷入了破罐子破摔的状态中。于是，恶性循环就来了。"

"接下来，我开始逃课，不再关注外界的任何信息，对新鲜的东西丝毫不感兴趣，连学院的活动也懒得参加，人也变得越来越软弱。当然，糟糕的结果也一项项地向我砸来。"

"大一的期中考试，那是我上大学后的第一次大考，成绩糟糕得一塌糊涂，使我错过了学校的奖学金，这也为我几年后的出国留学增加了难度。无数个之前期待无比的机会因为自己的拖沓和懒散而错过。"

他说："那段不自律的生活带给我的是无比的痛苦。那种痛苦源于：对辜负了自己之前的优秀而心痛，对丧失奋进的激情而痛恨，对不断受挫后的失望，对自己未来的迷茫……那段时间，我不断地问自己：真的就这样自甘平庸了吗？我内心的回答是：不行！我不要！于是，我开始重新设计我的计划，并且这一次是真正的开始。我制订了更为完备的计划表，每天一项接一项逐步地去完成。就这样，一个月后，我真正地有了高度自律的体验。也就是在那段时间，我像一个旁观者对自己提出要求，然后竭尽全力地完成，那是一次严厉并且残酷的体验。我知道，我不能软弱，否则一切只会回到没有希望的舒适区中。"

"一开始是难熬的。因为我再洗心革面就得抽筋扒皮。苦大仇深地完成了半个月的计划，我发现一切终于又变得没有那么难了，好像不用咬紧牙关暴出青筋一般地完成计划了。"

"我清楚地记得，那是一场与自我欲望不断做斗争的体验。每坚持一天，就会感到无比地满足和快乐。因为那意味着我战胜了那个好逸恶劳的自己，我开始对自己目前的状况感到满意。那段时间，日子过得充实而有趣，每天晚上听到图书馆的闭馆音乐才回宿舍休息，那是我一天中最喜欢的时间，走在校园的小路上，我会仰头看天空，感觉星星都比之前更亮了。"

"之后我开始变得越来越自信。几年的计划，我开始越来越喜欢挑战，越来越享受一个人解决难题后的满足感，并且慢慢地一样样地收获我想要的东西。"

"对自己内心情绪的掌控，行为的掌控、甚至对食欲的掌控，都让我觉得，我的未来变得越来越清晰，并且我觉得我有能力将它变得更好，我有能力获得自己想要的一切。"

"那个时候，我的生活进入了积极循环的轨道。对我而言，高度自律是因为内心有强烈的驱动力，并且深刻地知道不自律带给我的后果。正是因之前痛苦的体验，才能让我在坚持不下去时，都能因为不想再有那样的体验而咬牙完成。我想，痛苦某种程度上讲，也是一种财富吧!"

实际上，提升自我满足能力和让自己变得自律的过程，就是对自我欲望进行控制的过程。刚开始，你需要与自己的天性做斗争，这些天性包括"懒惰""好吃""贪婪"和"愤怒"等，是对自身欲望的节制。与自身欲望做斗争是个艰苦的过程，也是不断地战胜自我的过程。这也是最难坚持下去的，当你过了这段时间，看到因通过延迟满足感后的自律而带来的各种积极的改变后，你就会感到无比地欣喜，那时候的满足感和快乐感会极为强烈。接下来，你就会将它变成一种习惯，就会享受坚持的过程，那样先前的各种痛苦也便不复存在。这也就意味着，你的生活真正地进入了积极的轨道。

真正的自律，是建立在自知和自信之上的，并非是盲目长久的自我压迫、自我批判的过程。而是一个长期享受自我改变所带来的欣喜和满足的过程。自律，也绝不是逼着自己去做一些痛苦的事情，有这种想法的人，最终都变成了积极的人。

M. 斯科特·派克在《少有人走的路》中这样说："自律是解决人生问题最主要的工具，也是消除人生痛苦最重要的方法。人生充满了各种挑战、困难、烦恼乃至痛苦，而回避问题和逃避痛苦的倾向，是人类心理疾病的根源。但是通过自律，在面对问题时，我们才会变得坚定不移，并且能够从痛苦中获取智慧，从智慧中获取快乐，从而消除痛苦。"可见，真正的自律，不会给我们带来痛苦，相反，它带给我们的是智慧、满足和快乐。

你还需要坚持平衡原则

提升延迟满足感的能力，的确可以让人变得自律，提升人的格局或情商，让人能获取更好的收益或获得更大的满足感。但是，我们在具体的操作中，还应坚持平衡原则，即不要一味地无限度地去延迟个人的满足感，而应该坚持一定的度。

在听到"延迟满足感"的问题上，很多人都觉得它是真理，于是就在实践的过程中，陷入盲目地人云亦云的盲区中，让我们逐渐模糊了事情的焦虑，也让我们忘记了提升这种能力的初衷。

要知道，无论是我们选择服从天性做一个当下主义者，还是暂时放下自己的需求去拉长等待的能力，最终的目的都是获得"满足"，而延迟这个动作的发生，则是让我们可以获得更大的利益，实现最大的价值。但是在现实中，我们很容易在追求"延迟满足"的路上，逐渐地忘记自己最初提升这种能力的最终目的是什么。最终可能就估计错了这个后果是否真的值得我们去等待。要知道，为了自己长远的目标而适当地延迟自我满足是理智的，但是你若一味地推崇除了很可能让我们的时间变成沉默成本外，还有可能带给我们更多的弊端。

比如，我们在延迟个人满足感的过程中，让自己变得优柔寡断。我们为了做出决策，在不知不觉之间积累了一堆的备选项。就好比原本想花很少的钱，买最高性价比的产品，最终却走马观花地选择了一堆商品，真的需要做出决断的时候，反而发现自己成了选择恐惧症，迟迟难以做出决策。最终，你也只能对着自己列出的一堆没用的目标清单，不知从哪里下手。然后无限地拖延，最终错过了劲头，反而没有获得丝毫的满足感。

赵宇文表情木然地盯着电脑上不断闪烁的光标，感到无比茫然，上司要求他和小李在一周之内拟写一份营销企划书，公司要开会讨论营销策划方案，自接到任务起已经过去整整四天了，他一页文字都没有写。他认为这份营销企划对他的职业发展有重大影响，因此必须出彩，如果不能让领导眼前一亮，否则自己的晋升生涯可能就此结束了。

在做数据分析工作时，赵宇文想他绝不能向同事小李那样做什么事都粗心大意，每次做报告都能被发现漏洞，他一定要把自己的企划书打磨得毫无瑕疵，让最挑剔的人也挑不出任何毛病。越是这样想，工作进行得越艰难，赵宇文对自己拟写的文字一点也不满意，修改了无数次还没达到理想预期。

在开会前十分钟，赵宇文才把新鲜出炉的企划书交给上司。上司本已经告诉他和小李，希望他们在会前尽可能多地收集一些市场方面的资料，赵宇文为了做出一份完美的企划报告，把大量的时间都耗费在文字撰写上，收集的市场调查资料一点也不齐全，而小李虽然拟写的企划报告有不少毛病，可是收集的市场调查资料非常全面，上司纠正了报告中的几个不准确的词语，仍旧对小李做出了表扬，赵宇文则受到了严厉的批评。

在工作或生活中，我们可能也有过类似于赵宇文的经历：为了将工作做得尽善尽美，而不断地延迟满足，最终却忘记了自己的初衷是什么！最终做了"本末倒置"的事情。最终没有获得丝毫的满足感。

要知道，我们延迟满足的最终目标是获得"满"，但一直长期处于延迟的过程中，就会让自己做出"本末倒置"的事情，或患上选择恐惧症，会让"延迟满足"的意义丧失殆尽。同时，一味地长期处于延迟的过程中，我们也会变得不快乐，甚至还会被焦虑、痛苦等负面情绪所缠绕，那么，对于我们来说，要建立正确的延迟满足，就应该尝试以下几个方面：

1. 学会控制自身的欲望，建立自己清晰的认知。在延迟满足的过程中，要清楚自己延迟满足的目的是什么，应该在哪些事情上延迟，而在哪些事情上不应延迟，以尽最大可能地避免出现上述事例中赵宇文的错误。

2. 拥有目标感，时刻询问自己最重要的目标是什么。

3. 不被短期的诱惑所迷惑。

4. 尽可能地克制"贪婪"。

要知道，在较大的目标面前，可以适当的"延迟"满足，在小目标上，可以注重当下的即时满足，比如，我想要一个包包，这个包包还可以，不算太贵，而且这个想法一直在心里几天了，那么，这个时候可以给予自己"当下的满足"。这样我们才能体会到生活中的无尽乐趣，同时又不妨碍你成就大事。

要知道，我们延迟满足感的目的，是获得更大的满足，或者说我们放弃当下的短暂快乐是为了获得更为持久的快乐，它是一种生存智慧，其目的是获得快乐，而一味地牺牲掉快乐，让自己长时间地沉浸于痛苦中，或者说，你最终获得的快乐感的长度小于你在坚持中的痛苦维持的长度，那么延迟满足感将变得毫无意义！

戒掉"拖延"，别将精力过多地用在列计划上

生活中，还有一种人在提升个人延迟满足感能力时，很容易走入一个误区：那就是将过多的精力都浪费在了做计划上面，于是无限期地延迟自我满足感，最终致使计划或目标无法有效实施，最终什么满足感也没有获得。

据说，当年买下麦当劳版权的有两个人，一个是麦当劳的创始人雷·克拉克，另一个是荷兰人。雷·克拉克是一个很有决断的人，有了好的计划和点子就立即投入行动，他以非凡的经营才能和强大的执行力把麦当劳开遍了全球，使其成为全世界规模最大的连锁店之一，创建了世界快餐第一品牌。可是那名荷兰人却没有一点作为，他也想过要经营快餐店，但他总是在计划，把精力都投入到了经营养牛场上，而关于经营快餐店他计划了几十年，也空想了几十年，什么也没有做，最后成为一名拥有几十头牧牛的普通农场主。

许多人都有"拖延症"，生命中除了计划还是计划，不是拖延执行计划，就是计划着继续拖延，总之做了一流的空想家、二流的人生策划师、三流的行动家。没有实际行动，任何美好的计划都会化为泡影，奇妙的想象力并不能改变自己、改变世界，充当思想的巨人、行动的矮子就会一事无成。有的人因为拖延而失业，有的人被迫中断了学业，有的人错过了出国留学或深造的机会，还有的人痛失了改写一生命运的机遇……

170

李璟拿到硕士文凭后，到一家电视台做了一名编导，工作后他仍改不了做事喜欢拖到最后一秒的毛病。每次写脚本，他的脑海里都充满了奇思妙想，有时会一连在电脑前空想两个小时，一个字也不写，盯着空白文档他的思路在急剧转换，解说词好像在他眼前跳跃，可是他还没有捕捉到，就已经感到很困倦了，心想后天才需要提交脚本，明天写完也不迟，于是就开始刷微博、泡论坛、看电影，时间不知不觉地溜走了。

到了第二天，李璟还在计划怎么把脚本写好，心中盘算了好几套方案，可是这些都是大纲，细节还没有想好，前一天思考的解说词都变得混乱无序了，他一时没想好如何串联它们，等到要拟写脚本时他又感到无比痛苦，忽然想到以前下载的某个专辑还没有封面，于是放下手头工作又去忙封面的事了，下班之后开始在家里熬夜加班，计划着通宵赶出让领导拍案叫绝的脚本来，刚坐在电脑前他就想熬夜得补充能量，必须给自己补点维生素才行，于是到厨房榨了一杯橙汁，边喝边寻找灵感。

李璟为自己开脱说，不是自己故意耽搁时间、有意拖延工作，自己也没闲着，一直都在计划写出漂亮的解说词，只是思考太多，脑力消耗过大，没有多余的精力写稿子了。就这样他在最后期限也没能写出一套脚本，上级领导很生气，对他说本来是非常看好他的，甚至想过把出国深造的一个名额给他，但是他的表现太让自己失望了，于是就把名额给了别人。

在开会时李璟经常妙语连珠，说起计划方案来常常头头是道，因此赢得了上级领导的欣赏，上级领导觉得这个年轻人很有想法，是可造之才，可是李璟最大的毛病是做什么事情都处于计划阶段，迟迟都不肯行动，工作能拖就拖，上级领导因此对他越来越不满意。

我们知道计划可以为行动指明方向，没有计划，行动就会变得盲目和没有效率，可是一味地延长计划的时间就等于压缩了行动的时间，把所有的时间都空耗在计划上，执行力就成了零。有拖延症的人并不是想充当什么战略家，不屑于落实具体的行动，而是因为惰性原因或者信心不足，抑或因为不喜欢自己所从事的工作而无限期地延迟行动，觉得多拖一秒就暂时把痛苦和厌倦的感觉延迟了一秒。

有这样一个传说故事：远古时期，有两个好朋友想要找到幸福和快乐，便结伴到远方追寻，两个人翻山越岭历经辛苦，好不容易临近目的地了，可是却被一条波涛汹涌的大河挡住了去路。水流湍急，渡河十分困难，对岸就是幸福和快乐的天堂，两个人关于如何渡河各有自己的看法，一个人建议伐木造船，另一个人觉得这样做太冒险了，如果船翻了岂不是要葬身江底，还不如从长计议，慢慢等着河水干涸，好好计划一番。

建议造船的那个人每天都在忙着砍树造船，木船渐渐有了规模，他还利用剩下的时间掌握了游泳的技能；而另一个人则什么都不做，他大部分时间都在睡懒觉和空想，经常抽空到河边看看河水干涸了没有，他计划着等到河水一干，自己马上就可以走到对岸去，时间就这样一天天空耗着。等到造船的朋友造出了一艘结实的大船正要出海时，他还在嘲笑那位朋友鲁莽。那位朋友却一点儿也不生气，在出航前还好心地奉劝他日后不要再消极地拖延等待，要积极地做事。

后来造船的朋友成功到达了对岸，而那位喜欢空想的朋友仍在对岸睡大觉，两人分别在河的两岸定居下来，繁衍了很多子孙，河的一边是幸福和快乐的沃土，在那里生活的人们都是敢于实践的实干家，而河的另一边却是失败和失落的原地，在那里生活的人都爱计划和空想，做事都是无限期地拖延，结果终生碌碌无为。

在现实生活中也存在着故事中的河流，河的一边生活着广大的拖延者，他们不愿意承受渡河带来的压力和痛苦，于是索性躺下来空想，等待困难自动消失，计划着遇到了好时机便一展身手，该做的事情一再被延误，就这样无限期地延迟自我满足感，后来成了彻彻底底的失败者。

试着去热爱你所要坚持的事情

很多时候，"延迟满足感"意味着我们为了获得更长久的快乐一定要暂时承受痛苦或者不快乐。比如你要达成某一个目标，必须要懂得坚持、忍耐，这是一个暂时的痛苦的过程，你忍受这些是为了获得实现目标后更长久的快感和满足感。但是，如果你能热爱你当下的事业，并能享受其中，那么，你的坚持和忍耐，就不会成为一种痛苦。比如一位科学家，天天都泡在实验室，去做谁也不知道的实验。有时候为了一个实验，可以在里面实验室泡一天甚至几天都有可能；或者天天都对着数据，不断地去做枯燥的统计工作，甚至会为了一个数据的取证也要经过大量的工作。对这样的生活，多数人的反应是，这谁受得了啊！可对一个科学家来说，这就是他最感兴趣的事情，正是这份热爱和激情，才让他能够将精力源源不断地投入枯燥的实验室中，并从中获得乐趣，那么，他的所谓"延迟感"便不再是痛苦，而是一种享乐了。这时"延迟满足感"的能力便对他来说失去了意义，因为，他能沉浸于当下做事情中的任何时刻，最终的结果无论是失败或者成功，他已经从坚持的过程中获得了长久的快乐。所以，如果你要想在某一方面取得成就，最好就是先去喜欢上你所坚持的事情。比如你决定要坚持读书，你必须先爱上阅读这件事，让它成为你的一种爱好。当然要做到这一点，方法是多种多样的。比如，你能从阅读这件事情上预知到它带给你的美好：它能提升你的谈吐和涵养；通过阅读，我们可以不断地更新和升级自己的知识系统、信息系统和观念系统，实现认知升级；也可以不断地丰富和拓展我们生命的宽度、高度和深度，帮助自己解除束缚生命的各种困惑，超越自我，找到内心的能量，为自己修建一座烦恼无法入侵的精神家园等，你便有了持续阅读的驱动力，那么，让阅读本身成为一种自律行为便不再是件难事了。

很多时候，我们无法让自己保持自律，觉得缺乏延迟满足感的能力，总做出"三天打渔、两天撒网"的事情，是因为我们对那件事没有足够的热爱，或者外界的短暂的"垃圾快乐"消耗了你的激情。所以，我们要做到自律，最直接的办法就是培养你对所要坚持之物的兴趣或者信念，同时也要戒掉"垃圾快乐"。

当然，很多人总觉得个人的"喜好"应该是先天因素决定的。比如谁谁是个天生的音乐家，谁谁小时候就表现出非凡的语言表达能力，将来一定能成为作家。所以，我们会觉得一个人爱好一件事情，应该是先天因素决定的。事实并非如此。

美国一个学校曾组织了一次集训活动，带队老师让学生们说出自己的"爱好"，并且回顾当年他们如何喜欢上这个"爱好"的。结果表示，多数学生的爱好都是后天因素的结果。其实，一个叫艾玫的女孩，她向老师讲述了她的故事：

艾玫是一个高且瘦的女孩，在看到她之前，让人很难将她与"攀岩"这个运动联系到一起。但这确实是她的一项爱好，并且还持续性地每周坚持做三次以上的攀岩运动，已经坚持了五年时间。

原来，一次艾玫和朋友们到某个户外主题公园去玩，并在路上他们看到了一个攀岩游戏，当时她就和朋友打赌自己是否能顺利地攀上去。自然，她的朋友对此不屑一顾，认为以她的身板和体力根本不可能顺利完成的。但这恰恰就激发了女孩的斗志，艾玫决定去挑战一下。

"当时我什么都没想，只想证明自己的实力。所以我就使劲儿地往上爬。等我爬了一会儿的时候，我发现之前认为我无论如何都不可能上去的那个朋友的态度开始转变了，他对我不再是冷嘲热讽，而是开始给我喊加油。同时，在我向上爬的过程中，往下看到下面越来越多的陌生人也驻足给我喊加油、鼓掌，我觉得自己浑身充满了力气，最终坚持了下来。"

"那么，你在攀爬的途中想过要放弃吗？"老师问她。

"嗯……老实说，在我刚爬上去不久就觉得体力不支想放弃。要全程做完那个对我来说真的太难了。但是当你爬得越高，底下就有越来越多的人为你鼓劲儿，我想我当时只是不想让他们太失望。所以，当我爬到顶的时候，我就知道我已经爱上这项运动了。"

其实，在现实生活中我们可以细想一下，那些我们热爱的并为之坚持的事情，我们之所以能够长久地做下去，是不是因为遇到了如这个女孩类似的情况呢？

在一个自律者的眼中，"热爱"是一个人对某件事情或事业达到狂热程度的积极热情的一种态度，它犹如胶水一般，在你遇到困难或想放弃的时候，它能够让你有足够的信心再次坚持下去。当周围的人在大声喊叫"不，你做不了"的时候，它就会轻轻地在你耳边对你说："我早晚能够做到！"所以，要想做到自律，那就先试着去培养你对某件事的兴趣和爱好吧！

将大目标拆解为小目标

延迟自我满足感能力，本质是通过对自我的一种管理或者对自我欲望的控制，然后达成既定的目标的行为过程。但是在现实中，很多人在实施目标的过程中，常常会面对大的目标而不知所措或者难以抵挡住其他的诱惑，或者有人在不断地延迟满足感后，根本不知道如何达到那个目标。这个时候，我们就要学会给自己的大目标制定一个计划，也就是将你的大目标拆分成若干个小目标，将目标清晰化、细小化，这个有助于你在面对接下来一系列的选择时，当你动摇时，这个计划和优先级的设置就能够提醒你"我要暂时忍耐，我要坚持下去。"

小涵在 2016 年开始写作，她当时的目标是写出 3000 字的长文。这对于她来说，是一个天大的数字。不过，看着很多自媒体公众号，动不动就五六千，她的雄心和欲望激发了她。一定要像他们一样，能够随心所欲地写出长文来。

有了大目标后，她就开始将这大目标拆解为小目标。

将文章分成 10 个部分，每个部分 300 字，每 300 字讲一件事。每天早上写 300 个字，分成 10 天完成。每天完成自己给自己一点奖励，有时候是一杯茶，有时候是一份小甜点。当完成到第五天的时候，奖励自己吃一份大餐，花了几百块钱，吃了一顿海鲜。

当有了这样的一次经历后，她再也不会为"写作"这件事恐惧，就像一个"心锚"固定在心中，稳定而踏实。当你有过不去的坎儿时，想一想这件事情，就能给你带来无穷的力量。

很多时候，我们的目标因为太过大，实现过程过长，你会因为苦苦追求不得而灰心气馁、动摇决心，所以必须辅以实现过程相对较短的中期目标，中期目标位于目标金字塔的中部，起到缓冲和巩固的作用，但只有长期目标和中期目标，金字塔还是不完整的，所谓"万丈高楼平地起"，目标金字塔也需要有坚固的根基，它的根基便是近期目标，近期目标是一个个可视化的里程碑，其特点为具体、清晰、明确，能让人对金字塔这项恢宏工程的落成充满信心。

金字塔层级目标好比连环套，长期目标统率中期目标和近期目标，而近期目标和中期目标又牵制长期目标，三者之间彼此制约，互相影响，设定"金字塔"式目标需要耗费心力来考虑各种因素，以下几个步骤可以让你开启设定目标的进程：

1. **写下你的目标清单**。

你的人生目标展现的是你人生的抱负和一生的追求，如果不想虚度年华，把宝贵的时间和生命浪费在无意义的事情上，你必须设立自己的目标清单。你需要了解自己一生真正想要的是什么，真正想完成的是什么事情，想在一生中成就何种事业。把这样的目标用一句精练的话概括出来，如果其中任何一个目标是另一个目标的重复表述或者是其关键步骤，就将它从目标清单中划除。

2. **设定时间框架，划分目标层级**。

对于终极目标你必须设定一个时间框架，以此支撑起金字塔的层级结构，以时间的长度为基准，设定十年计划、五年计划、一年计划、季度计划、月季化、周计划、日计划，还可以设定几个小时或一个小时的计划，划分出长期目标、中期目标和近期目标。

3. **写下每完成一个目标所要采取的行动**。

这个步骤旨在拟定一个检查清单，因为你预估的目标实现的时间可能不符合现实，而行动则是检验真理的唯一标准，对自己接下来的行动步骤了如指掌有助于你科学地设定完成目标的时间。

4. **通过落实行动，对时间框架做出必要的调整**。

在完成近期小目标时，你便可以根据自己的执行情况对预估的基层时间框架做出调整，同时对完成中期的目标时间做出更合理的判断，纠正想象与现实的偏差，完成中期目标后准确记录实际耗用的时间，并对整个目标时间框架做出更合理的调整，对长期目标的完成时间做出更为准确的估计。

5. **检查目标框架，定期填写时间进度表**。

详细填写每日、每周、每月、每季度的时间进度表，以便你能随时了解自己距离完成近期目标、中期目标、长期目标还剩多少时间，按照预定的方式来完成各个目标。定期回顾自己完成目标的情况，写下自己已经完成的部分，把未完成的部分累积到下一个目标计划中，同时合理调整时间框架。

尽量去量化你的目标

有效地分解目标，的确可以有效地提升一个人的执行力，从而通过不断地发挥延迟满足的能力，达成最终的愿望。一个人不断地完成目标的过程，就是不断延迟自我满足能力的过程。要将目标持久地坚决地执行下去，是一件极不容易的事情。所以，我们想让自己抵得住"及时行乐"的诱惑，避免出现"半途而废"的场景，我们要做的就是将目标量化，让自己能够时刻"看得见"自己的回报，从而将远景目标进行到底。

要知道，一个人的理想可以为你营造一个造梦空间，可是在现实的平台上，任何抽象而美妙的理想都不如严谨而标准化的数字更让人心安，因为量化的目标不是伸手触摸不到的天边彩虹，而是赏心悦目的凡尘花朵，你不仅可以辨别它们的颜色，而且能数清它们的数量。

有的人不禁要问，目标分解以后就已经足够明确和具体了，为什么一定要将它们量化呢？定性的子目标难道就一定比不上定量的子目标吗？试想一下你在答一份考卷，考卷以优良中差来评分更精确还是以具体的分数评分更为精确呢？答案是不言而喻的，定量的指标无疑准确度更高，可以让你更直观地了解目标的执行情况。数字代表着一种科学美，它闪耀着理性的光辉，所以作为一个现代人，走进数字时代，量化自己的人生目标，更有利于目标的达成。

1984 年，一场国际马拉松邀请赛在日本东京拉开了帷幕，在这场备受瞩目的盛大比赛中，一位籍籍无名的日本选手超越了所有实力派种子选手，一举拿下了冠军，这个结果非常出人意料。这匹新生的黑马名字叫山田本一，赛后接受记者采访时，没有讲太多话，当被问到获得冠军的秘诀时，他只是说了一句话：以自律和智慧战胜对手。这句话很难让人理解，马拉松考验的是人的体能和耐力，身体素质不达标，仅凭智慧是不可能获得冠军的。因此，大多数人都认为这位冠军的回答华而不实，不过是故弄玄虚而已。

两年之后，意大利米兰举办了国际马拉松邀请赛，山田本一代表日本参赛，并再次夺冠，这个结果同样在人们的意料之外，赛后，记者又一次追问夺冠的诀窍。山田本一个性内敛，是个不善辞令的人，思考了一会儿，仍然重复着上次的回答：以自律和智慧战胜对手。记者没有在报纸上讥讽他故弄玄虚，而是试图了解这句话背后的真相，可是依旧一无所获。

十年过后，山田本一自己揭开了这个秘密。那时他退役了，不再参加比赛，忙于写自传出书。他在书中是这样解释取胜秘诀的："跑步夺冠与我平时对跑步的执着是分不开的，我之所以能将跑步这件事坚持下来，是因为跑步的时候我会将目标量化。比如刚开始练习长跑的时候，我并不懂如何才能坚持下去，只知道一直向前跑，通常把自己的目标定在40多公里外终点线上的那面旗上。这样的结果就是，跑了十几公里后，我就感到疲惫了，可是目标远远不见。于是，感觉更加疲惫，我被前面剩下的路程吓坏了。后来，在每次比赛之前，我都先把比赛的线路仔细查看一遍，找出沿途比较醒目的标志，用心记下来。比如，第一个看到的标志性的建筑是银行，下一个是一棵特别的大树，再下一个是一座红房子……就这样，我把标志一直记到终点。在比赛时，我先全力向第一个标志跑去，这样我知道自己的下一个小目标在哪里，于是再向第二个标志跑去，就这样，40多公里的赛程，被我分解成几个小目标后，我就能轻松地跑完了。"

人生何尝不是一场马拉松呢？每个人都会觉得离最终的目标有着漫长的距离，目标的实现不可能一蹴而就，那时一个从量变到质变的过程，众多量化的小目标就是赛场上的能量补给站，每当你感到疲惫不堪的时候，就能通过它获得坚持跑完全程的力量，这就是山田本一两度获得国际马拉松邀请赛的秘诀。大目标会给人带来一种可望而不可即的恐惧感，而把一个大目标量化成一个个小目标，然后先全力以赴地实现第一个小目标，之后实现第二个小目标，以此类推，直到实现最后一个小目标为止，这样就把高远的目标转化成了真实可触的现实。当然要量化目标需要掌握很多技巧，以下几点建议可以为你提供必要的帮助：

1. 把目标具体化和数字化。

量化目标，指的是用准确的数字来描述你的人生目标，如果你的目标可以用数字描述，就一定要用准确的数字表达，而不要用笼统的文字来表述。在日常生活中，很多人把找到一份待遇优厚的工作、获得理想的工作业绩、建立美满幸福的家庭当成自己的人生目标，这只是一种笼统的想法，描述过于模糊，没有量化。月薪达到多少才算待遇优厚呢？销售业绩达到什么标准才算理想呢？幸福指数达到什么数值才能算拥有幸福家庭呢？

量化后的目标一定是可衡量的，比如期望得到月薪1万的工作，想要自己的销售业绩达到20万，幸福指数达到90％及以上等。如果人生目标不能用具体的数字来表示，可以将其指标化，指标化也是量化的一种形式。

2. 量化目标时要注意有效目标的五要素。

一个有效的目标通常包含五个要素，简称"SMART"的要素，分别为 Specific、Measurable、Action－oriented、Realistic、Time－related，指的是具体的、可衡量的、可接受的、现实可行的、有时间限制的。制定目标时必须充分考虑这五个要素，有人只设定了一个模糊的长期目标，没有考虑到实现人生目标所需的资源、时间和自身应当具备的能力等因素，使得目标的可行性大为降低，而且难以衡量，所以想要让一个目标更具操作性，必须全方位考虑与实现目标相匹配的各种因素。

举例来说，如果你工作较为吃力，总是比其他人慢半拍，被拖延症所累，想要制定一个赶上同事进度的目标。在量化目标时就应该把各方面的因素设计周全，比如想好自己要追赶的是哪个竞争对手（某个具体的同事），使自己在处理同类工作任务花费的时间大致与之相当，还要规划好在规定的时间内所要解决的问题，同时要结合自身的能力和特点，注意现实情况和时间限制，促使自己不断取得进步。

3. 用剥洋葱法来量化实现目标的过程。

目标就好比一颗洋葱，目标的实现过程便是剥洋葱的过程。洋葱最外层是近期目标，它是你应立即着手做的事情，当然剥掉一层洋葱皮也不是一瞬间都能完成的，你需要一点一点地剥，这个过程就像实现一个个近期小目标的过程。再往里依次是中期目标，最里层是我们追求的终极目标。洋葱的层数是可数的，因此每剥一层都是可以量化的，甚至每剥一点也能量化，每实现一个目标我们都能得到一个具体的数值，同时可测算出距离最终目标的距离，那么终极目标就不会显得遥不可及了。

第六章

找对"症结"再开"药方"：
提升延迟满足感能力的方法

无论在职场中，还是在与人交际中，不可否认的是，"延迟满足感"是一种对我们来说至关重要的能力，拥有这个能力的人也就掌握了实现人生跃迁和成为更好自己的密码。但是，延迟满足感本身是一种反人性的，是一种极不容易稳定地获得的一种能力，比如，在长久的目标面前，你必须要抵御住"贪婪""惰性""各种利益的诱惑"等；在健康面前，你一定要抵御住"贪吃""不动"等。但是，延迟满足感能力也并非是不可以获得的，只要找到你的"症结"，然后通过有效的方法进行心理和行动方面的干预，也是可以迅速提升的一种能力。本章从心理和行动力两个方面对造成我们缺乏延迟满足感能力的主要症结进行分析，从而给出了多种切实可行的方法，只要你能依照这些方法去做，下一个厉害的人就可能会是你！

解决问题，首先要尽可能地去体验痛苦

柳阳曾经一度认为自己是个行动力极为薄弱的人。在经历了两次的创业失败后，更使他深深地意识到这个问题的严重性。很长一段时间，柳阳曾想改变自己，觉得自己不能这样颓废下去，要重新振作起来，可这是在自己痛苦和焦虑的时候这样想。而在平日无事时，就会将其搁置一边，依然得过且过地混日子。但每一次看到周围的其他人做出了成就，便会义愤填膺地告诉自己：接下来，自己一定要改变。但是如今已经过去两年了，他却仍旧没有真正地尝试让自己重新开始。哪怕是在生活中遇到一点困难，动摇了信念，还认为自身的沉淀不够。

直到今天，柳阳仍旧深刻地觉得：沉淀不够，更多的时候，只是为自己选择逃避的借口。让自己心安理得地接纳颓废和不求上进的自己，也接纳自己当下解决不了问题的"事实"，是柳阳开始振奋的第一步。他突然觉得，自己再这样下去，一定会给自己的人生带来"灾难"。于是，他开始给自己制定目标，制订人生规划，开始每天坚持学习。自此之后，柳阳领悟到了一个道理：路是人走出来的，饭也是一口一口吃的。任何一件事情，要做好必须要遵循这三点法则：花法则、花时间、花精力和花心思。否则是解决不了问题的，也是达不到既定的目标的。生活中，很多人没有遵循以上三点法则去解决知识、社交、心理等诸方面的问题，是因为他们的态度存在问题。

的确，在生活中，我们经常会见到一种类似的场景："对不起，我搞不清楚是怎么一回事，我解决不了。"或者说："这根本不关我的事!"或"我现在正在忙其他的事，这事以后再说!"等等。实际上，不懂得延迟满足感的人，对待问题，一般都会呈现出类似于这样的消极态度。他们总是想着尽快脱身，让自己待在一个封闭式的结果中，好让自己快速地脱离那种痛苦的感受，不愿意冷静下来去分析问题。面对难题或问题，他们一般会呈现以下几种消极的心态：第一，缺乏耐心，想着要马上去解决难题或问题；第二，希望问题能够自行地消失；第三，为不去解决问题，而去找各种理由或借口。实际上，任何问题都不会因为你的回避而自行消失，你不去解决它，它仍然继续存在在那里，仍旧妨碍着你的心灵成长与心智成熟。所以，对于多数人而言，真正需要解决的是，解决掉"忽视问题"这一问题，才能够继续解决掉其他的人生问题。要知道，在你前进的有些阶段，你就是无法跨越困境。你必须要埋头处理好当下，才可以真正地希冀未来。即便是你再急功近利，再慌乱不堪，明天也不会先于今天提前到来。

当然，要把握好当下，努力地想方设法，直面问题，然后找到解决问题的时机，才可以继续前行。当问题降临时，最好的做法就是及早面对，将你的满足感向后延迟，放弃暂时的安逸的状态，去尽可能地体验痛苦，这才是极为正确且极为明智的方法。

秋天的一个下午，一位年轻的中国留学生心事重重地在美国麻省理工学院的校园里游荡着，他远涉重洋，千辛万苦地来到美国求学，起初是满怀着梦想和希冀的，可是初到异国他乡，他遇到了很多现实的问题，文化隔阂，语言不适，生活习惯的差异巨大，让他觉得非常难适应，他对未来充满了疑虑，担心不能顺利从学校毕业。

对于这位留学生来说，他的生活出现了难题，而这个难题是因为陌生环境所带来的精神压力。而他要突破自己，有一个良好的前途，首先就要接纳和面对这个难题，将满足感向后延迟，放弃回国的打算，即也是暂时的安逸的状态，然后努力克服当下的困境，达到学有所成的目标。

正当这位留学生愁眉不展、心烦意乱之际，他看到不远处有一群人好像在热闹地讨论什么，走近一看才弄清了情况，原来是一位送外卖的大胡子男子，对一辆新出产的轿车做出了十分专业的评价，轿车主人大为惊奇，便忍不住和他攀谈起来，他们的谈话吸引了不少过往的路人。人们问大胡子男子为何如此了解汽车，大胡子男子说以前他曾是一家汽车公司的总经理，后来公司倒闭了，他转行送起了外卖。人们听完他的经历后，不免感到唏嘘，有人还发出了长长的叹息声。可是大胡子男子却丝毫也不感到难过，他微笑着对大家说："生活中，没有什么是输不起的，离开了汽车公司，我照旧可以自食其力，以后我还会成功的。"

听完这席话，年轻的中国留学生心情久久不能平静，他想，一个人若能活得如此洒脱，还有什么是输不起的。想通之后，他感到如释重负，在以后的日子里努力适应环境，并且全身心地投入学习中，刻苦钻研专业知识，后来终于学有所成，以优异的成绩从麻省理工学院毕业了，并在科学领域取得了不俗的科研成果，他就是获得过两弹一星勋章的著名科学家钱学森。

面对问题，这位留学生没有回避，他从大胡子男子那里获得了心灵的力量，从而忍受住了对环境不适应所带来的痛苦，最终学业有成，实现了自己的最大目标。这就是延迟满足感的过程。这个过程也告诉我们,人生的成就,很多时候靠的是智慧和耐性。智慧指的是个人的认知能力,而耐性则指的是延迟满足感的能力。智慧能让你知道你所坚持的事情需要经历哪几个阶段,周期有多长。而耐性就是等待这个时间的到来,这考验的就是你的延迟满足感能力的强弱。古语说,事非经过不知难。其实这个难,就是误判了事情进行的周期。所以老子说,天下难事必作于易,天下大事必作于细。前一句,是在知道事情漫长周期的情形下,不紧不慢地先打造好自己的核心价值,维护好你在大众眼中的认可点。后一句,其实就是耐心地等待事业这株树开花结果。这期间需要的是温和与淡定,而不是什么惊人的能力。

痛苦不会消失,你要做的是接纳它

延迟满足感的过程,实际上就是个体体验当下问题所带来痛苦的过程。只有你敢于直面这种痛苦,才能让自己找到解决问题的方法,从而促进自我心灵的成长与心智的成熟。事实上,你要体验这种痛苦,行之有效的方法就是先去接纳这种痛苦,而不是以抗拒的方法去回避或逃避这种痛苦。比如,你遇到一件棘手的难事或者沉陷某种负面情绪的时候,如果我们急于去否认,去抗拒它们,那我们的内在就会处于一种消耗的状态中,这使我们无法安静下来去将那个棘手的难事想办法给解决掉或者从负面情绪的状态中摆脱出来。在生活中,我们大家可能都有过失眠的经历。在失眠的时候,我们发现晚上躺在床上睡不着,可能第二天有一些重要的工作或者活动需要早起,这个时候我们就会开始着急，开始启动一系列的策略让自己不要失眠，比如说有的人会听一些放松的音乐，或者让自己换很多种姿势让自己更舒服，但最终发现这些方法可能起不到什么作用。怎样才能真正地离开失眠的状态，进入睡眠当中呢？当我们开始放弃抗拒和挣扎，"不努力睡着了，我也不换姿势了，爱怎么样怎么样吧"，当你开始接纳你当下失眠的状态的时候，一会儿，你自然也就睡着了。

我们生活中可能还会遇到类似于刘晓的经历：

刘晓自小就是个小胖子，这与她平时爱吃零食的习惯有极大的关系。今年刚毕业的她，看到镜子中浑圆的体态，再看看体重秤上超标的数字，她决定减肥。于是，她给自己制订了严格的运动计划，同时还搭配健康的饮食方法。接下来，她开始执行，并且在执行的过程中，每天都会上秤上去称体重。对于刘晓来说，体重是一个极为重要的数字，只有达到理想的数字，才能够欣赏自己的形体。但是，她坚持了一周，发现秤上的体重数字丝毫没有减少。这让她感到极为沮丧。也就是在不断的沮丧和失望中，她的失控感甚至厌恶感开始强烈起来。当她情绪低落时，开始对自己极度地厌恶，然后就陷入一个暴饮暴食的状态，以至体重继续上升。

对于刘晓来说，她在决定改变前，首先要做的就是接纳，接纳自己体重的真实状态，接纳要减重接下来要面临的各种痛苦经历，接纳即便是经过努力体重仍没能下降的事实等。当她开始去欣赏并允许以上这些已经发生或即将发生的事情时，她的减肥之路就会变得简单，而不是在与"自我"的不断对抗中，陷入暴饮暴食的糟糕状态中，任由体重继续增加。

延迟满足感是面对和忍受不快甚至痛苦的过程，而要让这一过程获得良好的结果而不呈现出半途而废的情况，那我们就要先去承认和接纳这种痛苦。这里的接纳意味着我们愿意承认人、事、物原本的样貌与事实，这能帮助我们，无论发生什么样的事情，我们都能够看清状况，看清它原本的样子，这样不会因为我们自己的评价、欲望、恐惧或者偏见，将它们真实的样子屏蔽掉，这样我们才能够采取更适合当下的行动和决策。

真正的接纳是我们内心的一种承认和拥抱，而不是嘴上说说那么简单。比如，你在写作的时候，遇到了卡壳现象，觉得自己的逻辑处于混乱的状态。这个时候，我们会感到不快甚至痛苦。而接纳它，就意味着，你要从内心承认：好吧，"卡壳"这件事确实已经发生了，这并非是我单个人的体验，可能是每个写作者都会遇到的情况。当你从内心承认和接纳它的存在后，才会对此难题做出有效解决策略。比如，你就会开始反思，遇到这种情况的根本原因是自己的知识储备不够，还是没把问题的逻辑关系想清楚就落笔……如此一来，你就不会因为遇到困难而草草将文章写完应付了事，更不会因为困难所带来的不快而中途放弃了。

在生活中，很多人会走入一个误区就是假装接纳，这是一种很常见的现象，也是一种自然反应。比如说当我们失眠的时候，我们知道，一旦我们接纳失眠的事实，就会放松心情，我们可能会马上睡着的。如果假装接纳自己失眠了，就会在那里说"我接纳我现在失眠，我接纳我现在失眠……"，这会使自己变得越来越烦躁，然后就会难以进入睡眠的状态。再比如，一位心理咨询师，面对一个咄咄逼人的充满负面情绪的人，他的内在状态也很容易会被激怒，这个时候，他会对自己说"我不能生气，我没有生气，他是个病人，我不应该生气，我不能生气"，这就是一个硬让自己接纳的状态，就是假装接纳。而面对此，真正的接纳就是，承认你面前的这个"病人"拥有大量的无处宣泄的负面情绪，而他们这些负面情绪的产生与你毫无关联，你自己只是一个倾听者，无论对方做什么，你只需要保持镇定，然后才能为对方做出科学可行的心理治疗方案。这个时候，才能完成身为心理咨询师的你的职责，才不会因为与病人发生冲突而中途放弃对其治疗，才不会有损你作为心理咨询师的职业素养。

但凡被你接纳的，都会变得柔软

　　人生是由一系列的"难题"组成的。而生活中我们诸多的不快、痛苦甚至负面情绪，都是由这些突如其来的难题带来的。生活中，我们很多人面对难题的第一反应就是想尽快脱身，尽快缩短自己与问题接触的时间，而不愿花时间去应对那种不舒服的感觉，不愿意冷静地分析问题。虽然解决问题能带给我们足够的满足感，而我们却根本不想去延迟这种满足感，哪怕是一两分钟也不行，最终没有从问题中积累起任何有效的经验，致使我们经常陷入混乱的、被负面情绪缠绕的状态。这时，我们的第一反应就是想从这种糟糕的状态中挣扎着逃出来。所以，我们就借由很多的逃避策略不去面对它，而是去压抑它、否定它和排斥它，最终只会在负面情绪的泥潭里越陷越深，无法自拔，最终也对解决问题毫无益处。实际上，这个时候，我们最应该做的就是敞开胸怀来接纳它，然后沉下心来让自己冷静地找到解决问题的方法。

请记住"凡是你所抗拒的，都会持续"。因为当你抗拒某件事或者某种情绪时，你的全身心就会聚焦在那种情绪或事件上面，这样你就赋予了它更多的能量，反而使它变得更为强大了。这种负面情绪就像黑暗一般，要驱散它，就要引进光亮。光出现了，黑暗自然就会消融，这是不变的定律。而喜悦则是消融负面情绪最好的光亮。当然，这里的喜悦并不等同于快乐，快乐是需要外在条件的，而喜悦则是心灵滋生出的一种正能量。"喜悦"的初步反应就是接纳，即接受你受负面情绪困扰的事实，然后发现它们存在的"珍贵"之处，再将它们变成自己人生的一种"宝贵"体验。当你慢慢地体验这样一个过程时，你就会发现，原本使你厌恶和抗拒的、无比坚硬的坏情绪或坏事情，竟然变成了一种"温柔"的体验，甚至可以去滋养你的生命。

晓琳是一家外企公司的总经理，虽然过着优渥的生活，却常与丈夫因为家庭琐事而愁眉不展。丈夫每次回家都不主动换鞋，每天的臭袜子扔得到处都是，而且让她最反感的是，丈夫每天回家什么家务都不做，玩游戏到深夜，以致两人每次都为此吵架。所以，她丝毫感受不到家庭的温馨，她每天都苦恼极了。

有一天，她向自己的密友诉苦，密友告诉她说，如果你真的想让丈夫改变，那就照着我说的话去做。每天晚上当丈夫在玩游戏的时候，你中途给他送一盘水果，他吃不吃不用管。你自己在 10：30 睡觉前给丈夫再送一次夜宵。别的你什么都不用说，也不用做，就由着他玩到深夜好了。同时，当你看到丈夫乱扔臭袜子、不讲卫生，在想发脾气的时候，你要拉起自己内在"小孩儿"的手，并懂得自我安慰道："你如果能保持镇定，丈夫会对你心存感激的。"你要不断地告诫自己：这件事本身没什么大不了的，你的"小题大做"式的灾难性的争吵只会让双方的感情越来越糟糕，这样根本解决不了问题——你可以用清醒的安慰，让自己平静下来。你连续做一个月再说。

一个月后，晓琳再找到那位密友后，眼神变得温暖了许多，不像原来那么冷冰冰的。她倾诉了这一个月自己所经历的：刚开始的时候她送的水果和夜宵丈夫根本不吃，有时候故意气她，自己饿了宁肯泡面吃也不吃自己做的夜宵，后来不记得从哪天起，竟然发现丈夫将她做的宵夜都吃了，睡觉时间比以前提早了一些。

接下来的一个月，晓琳再次按照密友的话去做了，她晚上下班回到家，告诉老公：你是我生命中最为重要的一部分，我很爱你，我愿意为你提供更为广阔的空间，让你成为你最想成为的自己，你喜欢玩游戏你就去玩，你喜欢干什么，就随着你的性子去干吧，但无论如何，我都爱你。以前我总是那么粗暴地对待你，真的对不起。

一周后，晓琳便打电话告诉自己的密友道："我之前为之耿耿于怀的坏毛病，老公全都改了。每天晚上回到家里竟然还主动地下厨做饭和做家务……我和老公的关系似乎又回到了刚结婚的时候。"当时的晓琳看着老公，以前对他的所有怨气都烟消云散了，心想：就算老公天天玩电脑又有什么关系呢，至少他们的关系也融洽了起来，一颗堵在心头的大石头终于还是放下了。

所有的人与事以及负面情绪都是如此，当你试着去接纳它的时候，它就会变得柔软起来；而你与其对抗的时候，它就会变得愈发地强硬。所以，在负面情绪来的时候，我们应该像晓琳一般，学着与自己内在的"小孩"对话，去温柔地对待它，与其达成和解。遇到与之对抗的人，首先学着去接纳，然后温柔地对待他，进而去谅解对方，最终达成与自我的和解。

被负面情绪所困扰，忧伤、痛苦、抑郁说来就来，很多时候我们无法抗拒。要消除它，最有效的方法就是臣服和接纳。臣服即放低自己的身价，以空杯的心态去面对它，接受一切。心理学家指出，每个人都是被爱的需求，当获得的爱不够，坏情绪便随之而来，这个时候你可以默默地对着心中的坏情绪说：我看到你了，你是我生命中的一部分，我接受你，接纳你，我愿意给你更为广阔的空间，谢谢你，我爱你。当你这样说时，坏情绪就会像个调皮的娃娃，被看见理解和接纳，它便会变得柔软，进而慢慢地消失了。

当你学会接纳由难题本身带来的痛苦、沮丧等坏情绪时，便也意味着你的延迟满足感的能力得到了加强，你就会真正地冷静下来，让自己耐下心来去着手想出办法或策略去解决难题了。

不断地提升自我格局

生活中，我们常会听到一句话：人过早地成功以后只会摔得更惨。讲的其实是，一个人一旦过早地获得了满足感就难以再静下心去安心思考和做事，也极少有再向上努力生长的劲头。纵使你再才华横溢，天赋异禀最后的结果也只能是泯然于众人之中。当然，这里我们并不是说，要让人不要过早地获得成名成事，而是要懂得不断地放大你的人生格局，不断地为自己设定更高的目标，通过不断地延迟个人满足感，获得更大的成就。

实际上，一个人延迟满足感的能力的强弱，与其格局的大小是息息相关的。一个大格局者的眼界和视野都是长远与广阔的，他们能看到更长远的大利益，而不会去计较当下的小利，更不会沉浸于当下的满足感中无法自拔，所以，也更容易成就大的事业。

晓梅家境贫困，但考上了不错的学校。在她研究生毕业时，被一家企业录用。也就是在她实习期间，一次在公司洗手间的洗手池下面看到一条价值极为昂贵的手链。当时的洗手间只有她一个人。这条手链的价值可以抵得上她几年的实习工资。当时晓梅的生活也确实正处于贫困的状态，自从上大学后，家里没供给她一分钱，她平时就靠给超市打零工，做家教养活自己。可当她捡到那条价值不菲的手链后，她却毫不犹豫地上交给了公司领导。后来经查明，那条手链是公司一位部门经理的。她当时在洗手间，不小心滑落在地上的。直到将手链还给她时，她还未曾发现手链丢了。

晓梅为何这么做？因为她是个有格局的女孩，在她的思维中，即便这条手链价值不菲，就算被自己占有了，这也只能改善她一时的窘境，而不能从根本上改变她什么，反而会让她心虚，甚至以后在别人寻找手链里表现出极为猥琐的心态，这得不偿失，这不符合她对自己的期望。她要昂起头来做一个自信的姑娘，这是一个人变优秀的基础心态。

不贪图小便宜，更不因眼前的一点利益而损害自身的名誉，这就是延迟满足感的典型表现，也是大格局者的选择。所以说，一个人要提升延迟自我满足的能力，就要具有提升自己格局的思维能力。

当然，在诱惑面前，并不是人人都能做到，这个心态是需要去训练的，一旦你形成了这样的思维和心态后，在一些小的利益面前，你的气质便会变得与众不同，从而才有机会脱颖而出，这就是所谓的格局思维。当你有了这种思维，你的延迟满足感的能力便能得以提升。

实际上，所谓的格局只是一个抽象的概念，主要表现在当一个人遇到事情或做一个决定时，他会有怎样的表现，所以说一个人的大格局，是在我们一个个的行为和决定中塑造出来的，我们要端正心态，从一个个的行为与决定之中去提升自己的格局。而你提升自我格局的过程，实际上就是延迟满足感能力的一次提升。

学土木工程的刘航在毕业后进了一家设计公司。刚入职，他就给自己制订了五年职业规划，五年后要成为一名优秀的设计师。对于一个刚进单位的新人来说，其中的人际关系是最难处理的，同事之间也难免有拉帮结派的事情，但在各种纠纷与摩擦中，刘航却始终能保持平静如水的状态，他只管努力干活儿，每天画图做设计。于是朋友问他："面对单位的人事摩擦和利益纠纷，你为何总表现得跟没事儿人一样呢？"正在专心画图的刘航昂起头，一脸迷茫地问道："咱们单位有人事摩擦吗？我不知道唉！"同事问他："难道你是个木头人，从不关心这些？"刘航摇摇头，完全是个"置身事外"之人！

实际上，对于刘航来说，他心中始终装着他的五年规划目标，他平时的心思都用在如何将设计做得更完美，如何不断提升个人的价值等。至于纠纷、人事摩擦或者单位里流传的闲言碎语一类的琐事，他完全不去理会，他也根本没时间也没兴趣去计较这些眼前的得失。

2014 年之前，是公司最为繁忙的时候，在单位中，刘航白天基本是连轴转，晚上还得加班，项目一个接着一个。许多同事都开始叫苦连天，抱怨公司老板心太黑，只让使劲干活，不给加工资。而对于刘航来说，项目多却是一个好事情，因为这可以使他快速地成长，所以，他每天总是笑呵呵地有条不紊地忙各种工作，从未有过任何的抱怨。在他看来，自己还太年轻，年轻就要趁这种繁忙的时候多学习，也许过了这个波峰，再想学习，机会就会少了。果然，2014年之后，公司产值呈现断崖式下跌，年轻人想参与重大项目的机会就少了很多。可在2016年的时候，刘航已经成为公司里的项目经理了，他带着一个团队，到外面去接业务，主动为公司创造了极为可观的利润。也就是在那一年，他拿到了公司的部分股权，收入呈现几十倍地增长。

同时，无论白天有多忙，晚上刘航还会抽出一个小时的时间来学习和沉淀。在他看来，自己还很年轻，趁身体吃得消、精力旺盛的时候，多学点东西将来一定用得着。不久后，他顺利地拿下了各种设计师类的考试证书。同时，他还研究英语的发音，纠正自己发音不准的问题。因为他的心中有明确的规划与目标，所以单位中的各种纠纷、烦心事根本不会打扰到他，因为他压根儿都没注意到。

刘航是个有大格局的人，事实也证明，正是因为他的大格局，使他能不断地通过延迟满足感，收获了不错的职业前景。他从不计较小利益、不参与和关注各种人事纠纷、闲言碎语等琐事，只顾埋头朝着自己的目标前进，这样的人也很容易成就大事业。

生活中，对于我们普通人来说，提升自我格局也并非完全是没有方法可循的，具体来说，我们在做决定或处理事情的时候，要从时间的深度与"空间的广度"，这两方面去考虑问题，并且养成习惯，慢慢地，你也可以变成一个有大格局的人，成为一个延迟满足感能力极高的人。在现实生活中，我们具体该如何去做呢？

第一，关注"时间的深度"。即你一定要给自己树立一个长远的人生目标。你做任何事情或权衡某项决定，都要以自己的长远目标为参照物，与目标相吻事的事情，事情的价值便得到加强，与目标无关的，甚至是相反的，价值就会被削弱，我们就要勇于舍弃它。就像刘航一样，他的目标就是在五年内成为一个优秀的设计师，所以，他所有的行为都围绕这一目标进行，所以，他不会去关注那些能削弱自我价值的事情，比如同事间的利益纠纷、闲言碎语等。当然了，你定的人生目标如果足够长远，即时间跨度越长，事情的意义变化越大，一件普通人极在意的事情，在他们看来却是毫无价值的，表现出来的就是延迟满足感能力的高超与格局。

当然了，你还可以建立属于自己的时间思维模型。首尔大学教授金兰提出了一个"24 小时"理论。即他将人生等价于 24 个小时，假如你能活到 80 岁，那么一年相当于 0.3 小时，30 岁仅仅才是上午 9 点钟，一天刚刚开始而已。生活中，我们自以为失败、颓废乃至绝望，实际上，你人生的时钟只是轻轻地拨动了一下而已，只要我们现在愿意重新振作起来，就会有无数咸鱼翻身的机会，持有这种时间观，我们的生活将会变得更加从容、有高度，而我们的坦然表现，也称之为大格局。

要知道，从容，是一个有格局的人应具有的一种品质，而这一点，正是年轻人所缺乏的。我们需要时间去沉淀，去思考，去多发现自己，了解自己，切不可被别人所左右。

第二，培养具有"空间广度"的思维模式。所谓"空间广度"，就是你在做决定或处理事情的时候，一定将你的空间变得足够大，而不要仅局限于眼前的环境。当然，这就要求你要有足够的阅历和足够多的经验，那些坐井观天的人，见识少得可怜，是难以有大格局的，他们延迟满足感的能力也是极为低下的。仅仅是多看，多经历，还远远不够。我们不仅要尽可能地看到全貌，还要看到系统，看到不同事物之间的因果联系，用系统的眼光看问题。比如，你面对一个有挑战性的学习任务，有些人迫于周围人的压力，不断地延长学习的时间。确实，某一天学习的时间越长，可以学到更多的东西，但这属于典型的线性思维，是反应式思考，因为今天用力过猛，明天就很难再持续性地高效学习了。实际上，对于一个潜心好学的人来说，精力才是制约高效学习的短板，要想提升学习效果，一定要学会对精力的管理，尤其是对精力恢复的刻意管理。所以，很多学霸，优秀者，即便面对沉重的学习压力，他们也会去轻松睡大觉，也会抽出时间锻炼身体，也会放下手中的学习跟人闲聊，因为他们知道，这些方式有助于恢复精力，都是在学习。

如果我们能培养系统化思维，我们不仅能看得多，更能看到事物之间的动态联系，持有这种认知，必然是一个有格局的人，也必然是一个延迟满足感能力极强的人。

所得易使人沉沦，付出使人成长

在生活中，很多人延迟满足感能力弱，就在于太过在乎即时的满足。一丁点的付出，就期望立即获得回报。如果"期望"达不成，便会倍感痛苦。而要提升个人延迟满足感的能力，就要通过长期的修炼，解除这种"痛苦"。而一项有效的修炼，就是学会去付出，将付出当成一件平常事，并且不去过分地计较回报。这也意味着你将"付出"后渴求"获得"的满足感给无限期地延迟了，从而使自己在这种延迟中获得心灵慈悲的力量，进而使自己快速地成长。

那一年，张欣在参加北京一家著名医学院的考试时，考场上突然有一名女生晕倒了，张欣毅然放下了自己未完成的试卷去帮助那位女生，并对她实施了紧急抢救措施。当她安顿好女生，重新返回考场时，考试已经完全结束。她最拿手的医学科的试卷都没有做完，张欣只好悻悻地离去，对考试结果也不抱什么希望了。

事后，那位被她救下的女生事后也没向她表达谢意。周围的朋友都问她，在最关键的时候，放下考试去救别人，白白浪费掉了大好的前程，值得吗？张欣说："当然值得，那位女生的生命是不可逆转的，而我错过了那家医学院，还有其他的好的机会可以选择。对生命抱有敬畏之心，是做一个医生最起码的准则。"

可是在一个月后医学院发榜时，张欣的名字在榜单的最上头，赫然而清晰。她竟然意外地被录取了。

后来，那家医学院的考官告诉她，恰就是她在考场上救人且不求回报的出色表现，被录取。那位医学院的人还告诉她，她的爱心和沉着的素质具备一个医生的优良品质。

就这样，张欣在"付出"的同时，也为自己获得了一个绝佳的机会。

一个人不求回报地"付出"，是自己获得快速成长的途径。能够随时付出的人，一定是拥有富者的心胸，如果他的内心没有感恩、结缘的性格，他怎么肯"舍"给人，怎么能让人有所"得"呢？他的内心充满欢喜，他才能把欢喜给别人；他的内心蕴藏着无限的慈悲，他才能把慈悲给别人。自己有财，才能舍财给别人；自己有道，才能舍道给别人。所以说，肯"付出"的人，内心一定是有力量的人。同时，不求回报地"付出"，能让人获得成长的同时，还能收获满满的幸福感和快乐感，这也是将"渴求获得"的满足感给无限期地延迟的结果。

无怨无悔地付出，的确能使人得以成长，进而成为更好的自己。生命的长度是极为有限的，与其软弱地去苛求"所得"，去苛求别人对自己好，不如学着主动去付出，即无限期地延迟渴求获得或回报，才能不断地让自己的心灵获得力量，才能让我们的生命变得更加积极和阳光。

在"挫败"中提升自我力量

一个人在实现"远景"规划或目标的过程中，不可避免地会遇到各种各样的挫败或坎坷。许多人之所以会出现"半途而废"的情况，就是因为无法忍受挫败感所带来的痛苦，因而会选择以"退缩"的方式暂时躲开这种痛苦。而延迟满足感能力强的人，则会直面这种痛苦，让自己在挫败中汲取经验教训，学会反思自我，从而在挫败中提升自我力量，给自己绝地反击的机会。

在一个烈日炎炎的夏日，一位饱受暴晒之苦的人，汗流浃背地拎着两大盒领带，疲惫不堪地走在香港尖沙咀旅游区的洋服店一带兜售。他已经艰辛地奔跑了一个上午，跑了几十家店铺，却毫无收获。

当他来到一家洋服店时，那位洋服店的老板正在十分殷勤地做一位客人的生意。他不知道别人在做生意时，是不准他人打扰的，便拎着领带走进了店中。洋服店的老板看到眼前这个汗流浃背的人，像似见到瘟神一般，恶狠狠地嘲他大吼并将他驱赶了出去。他见到自己被人当乞丐一样遭人呵斥，一种百感交集的酸楚顿时涌上心头。他想放弃，觉得自己太委屈了，周围没人来安慰他，给他一个机会。而他却笃定自己的商业构想是对的，带着对美好未来的愿景，他快速地抹去了夺眶而出的眼泪和额头上的汗水。

同时，他觉得自己的推销服务做得还不够，为此，他开始学会察言观色，开始对不同的服务对象提供不同的服务方式。就这样，他不停地走街串户兜售自己的领带。由于他敢于面对现实，对事业有着锲而不舍的奋斗精神，终于成了一个赢家。他就是海内外知名的领带大王——香港"金利来"集团主席曾宪梓。

其实不仅仅是曾宪梓，任何一个有成就者在面对挫败时，都会直面痛苦，在反省中获取经验教训，无限期地延迟由"放弃"和"逃避"带来的满足感，化耻辱为动力，为自己创造出机会来。他们的可贵之处在于跌倒之后有所领悟，而不是莫名其妙地爬起来。

很多人总说："苦难造就强者！"实际上，苦难本身并不能造就强者，它与平庸乏味的生活一样，能够成就强者，也能压垮一个人，造就弱者。有些人之所以没被挫败性的苦难压垮，不是苦难本身有什么价值，而是这个人的心灵足够强大，在于他能在关键时刻能笃信个人目标的正确性，并能通过不断延迟自我满足感而去坚持自我道路。

生活中，我们说一个遭受不了打击的人是因为意志力太弱，情商低。实际从根本上讲，一个人之所以在挫败中"一蹶不振"，是因为他不敢直面或者承受不了挫败感带来的屈辱或耻笑。为此，这些人也享受不了成功后所带来的巨大的满足感。而一个内心有力量的人，则是在任何时候都能够直面由挫败带来的屈辱或嘲笑，并且能无限期地通过延迟由"退缩"或回避带来的即时满足感，最终通过坚持，达到既定的目标。

罗杰斯特是加州大学的毕业生，他的成绩在学校一直很好，也是老师眼里最有前途的学生之一。罗杰斯特年轻气盛，很有志向，毕业之后急于证明自己的价值，他把目标瞄准了洛杉矶几家知名的商贸企业，精心制作了自己的简历，有的放矢地在网上投了几份，然后便待在租住的公寓里等消息。一个星期后，他收到了面试通知，招聘方是一家大型连锁商贸集团公司，他为自己的幸运感到十分高兴。

面试当天，罗杰斯特刻意穿了一套职业化的正装，还认真地打了领带，希望能在形象上为自己赢得几分。面试官一边翻看着简历一边用余光打量他，略有迟疑地说："你的简历做得非常漂亮，从简历上看，你应该是个非常优秀的年轻人。"罗杰斯特摸不准他的口气，不知道面试官是在夸赞自己，还是怀疑自己名不副实，于是他忙把简历上的介绍又重复了一遍，极力证明简历内容的真实性。

面试官默默地听完之后，转换了话题，一连问了好几个问题，诸如怎样看待这家企业，想在企业获得怎样的发展以及认为自己在胜任岗位上具备何种优势等，罗杰斯特对这些问题没有做准备，回答得吞吞吐吐，这场面试进行得很不顺利，面试官显然也失去了耐心，只是淡淡地告诉他一个星期内会通知他是否被录用。

罗杰斯特垂头丧气地走出了办公大厦，之后一个星期都闷闷不乐，虽然没有被录用，招聘方仍然给他打了一通电话，出于好意，面试官诚恳地指出了他存在的种种问题，比如准备不充分，讲话缺乏条理性，随机应变能力差，没有突出的优势等，希望他继续努力。然而这番鼓励在罗杰斯特听来就是一种彻底的否定，他从小到大听到的都是夸赞，没有人指出过他的缺点，在学业上他顺风顺水、一路绿灯，从来就不知道什么是失败，这次打击对他来说实在是太大了，从此他就好像是变了一个人，不想找工作，也不想工作，浑浑噩噩地度日，靠做各种非正式的兼职工作为生，30 岁那年他以追求自由为由摆起了地摊，35 岁时他在一家杂货店找到了一份店员的工作，这份工作后来发展成了他的长期职业，就这样这个本该有着大好前途的名牌大学毕业生因为一次失败毁掉了自己一生的职业生涯。

很显然，罗杰斯特应聘过程中受到了挫败感，这让自小顺风顺水的他接受不了这种打击所带来的痛苦感。于是他选择了以逃避的方式使自己的人生变得消极沉闷，以此来获得暂时的满足感。所以，要想从这种状态中重新振作起来，就需要他能直接面对和承担起别人的嘲讽所带给他的痛苦的感觉，然后学着接纳这种痛苦，并能痛定思痛，获得经验教训，那么他的人生一定也会不一样。

主动跳出舒适区，去做一些有挑战性的事情

我们要提升延迟满足感的能力，还有一个卓有成效的办法就是要学会主动跳出舒适区，去做一些对自我有挑战性的事情。所谓的舒适区，就是会使我们感到非常自在、放松和舒适，相反，如果超过了这个舒适区的范围，我们则会感觉到紧张、不安、焦虑甚至痛苦。因此，舒适区就像一个温暖的港湾，常常使人产生依赖和留恋。从心理学的

角度分析，一个人愿意长期待在舒适区，他的内心能一直获得安全感，而离开舒适区则意味着要感受痛苦。而延迟满足感能力的本质，实际上就是让人直面痛苦后，使自我心灵获得成长的一种体验。而一个人若能主动跳出舒适区，不断地做一些具有挑战性的事情，那就说明他是一个心灵极为强大的人，具有极强自控力的人。

华为公司的伟大，无异就是能时刻保持危机感，让自己不断地跳出舒适区，而且敢于向陌生领域不断挑战和突破的结果。

1987 年，华为公司创始人任正非带着全家住深圳棚户区，借了 2 万元创立了华为，寓意为"中华有为"。成立之初的华为通过代理香港宏联公司的交换机在内地做销售，使得华为迅速地壮大，大大地改善了任正非一家的生活。此时的任正非如果待在这个"舒适区"中自我满足，那就不会有后来的华为。此时的任正非感觉到，做代理根本不是长久之计，要想使企业获得长足的发展，必须要有自己的研发团队，搞出自己的交换机。而当时的国内通信市场被八家国际巨头割据，更有数百家国内厂商拼杀，这不仅仅是一场技术的较量，更是一场刺刀见红的战斗。在 1991 年，华为开始将前期做代理赚到的钱用来招揽人才，建立研发团队。而当时的华为是没有钱搞研发的，任正非便向一家企业拆借，利息高达 30%，并且对员工说：如果这次研发失败，我只有从楼上跳下去，你们还可以跳槽。可没想到的是，这次的孤注一掷换来的却是华为的行业稳固。到了 1993 年末，华为终于研发出属于自己的交换机，其价格比国内同类产品低三分之二，靠前赊销、农村包围城市的战略，华为得以生存，而当年国内 95% 的交换机企业都垮掉了。

紧接着，任正非也并没有因此满足而待在舒适区中停滞不前，而是通过招揽高端人才，一鼓作气地推出一系列新产品，产品的持续热销，让华为的销售技术突破 10 亿大关。至此，华为在国内通信市场上奠定了稳固的地位。此后的华为迎来了发展的黄金 10 年，1996 年试水香港市场，1998 年进军欧美，1999 年征战亚非拉，截至 2000 年华为销售额已经达到了 220 亿元人民币。正当华为在高速发展时，2000 年出现了世界性的 IT 泡沫破裂，迎来了互联网的寒冬。当时国内一大堆国际顶尖公司都濒临破产，华为开始雪上加霜。任正非非常欣赏的一位爱将又背叛华为成立了港湾网络，致使其核心骨干大量流失，国内市场被港湾所抢夺，国外市场遭遇思科的诉讼，母亲又遭遇车祸身亡，自己又做了一个大手术，致命的危机接踵而来。2002 年华为销售额出现了历史上首次负增长，以致华为内外交困，公司上下都散发着浓浓的末日气氛。一连串的危机让任正非非常沮丧，再加上自己的身体原因，觉得自己无力控制公司，华为公司开始滑向崩溃的边缘，他甚至计划将华为以 100 亿美金卖给摩托罗拉，最终摩托罗拉嫌要价太高而拒绝。公司卖不掉，摆在任正非面前的，只剩下唯一一条路：奋起反击。面对诉讼，任正非很快组建了应诉团队赶赴美国，在长达数月的时间里，华为与思科激烈交锋，斗智斗法。2003 年 10 月源代码的比对结束，结论是华为的产品是健康的，原本默默无闻的华为因此次诉讼而名声大振。处理完国外诉讼案件，任正非腾出手来要与叛将一决高下，华为专门成立了一个部门：打港办，目的就是不能让港湾赚到钱，通过亏本销售，港湾的业务很快陷入停滞状态。最终在 2006 年，走投无路的港湾网络便被收为华为门下。从内忧外患到绝地求生，所以可以说在短短两年时间，此后的华为便兴起了势不可当发展之势。2008 年华为以 183 亿美元的营收在全球通信市场上超越阿朗、北电、摩托罗拉。与爱立信、诺基亚三分天下。2009 年华为以 219 亿美元的营收昂首挺进世界 500 强，已跃居全球第二大电信设备商，仅次于爱立信。

此时的任正非已经隐隐地感觉到华为即将成为行业老大。公司发展到如此良好的景象，他应该满足，躺在舒适圈安享事业果实即可。但任正非却没有这么做，他要打破自己的"舒适区"，带领公司向全新的领域进军，那就是搞 5G 技术的研发。到 2018 年，华为公司遭受了国外的恶劣打压，而此时的华为业务营收已经突破了 1000 亿美金，通信行业全球第一，业务覆盖 170 多个国家，并大力推进 5G 业务。

华为公司和总裁任正非就是靠着不断地跳出"舒适区"，通过无限期地延迟自我满足感，获得了巨大的成就，做出了卓越的贡献。任正非是这样要求自己的，同时，也是以这样的方式对待内部的员工的。

有一年，华为总裁任正非宣布裁员 7000 人。任正非这样做，就是要在企业内部注入一种"永不满足"的奋进开拓精神。对此，他这样解释道：企业的员工大部分已经处于过分安逸状态，这样的企业是最危险的。没有竞争的公司是最容易被社会淘汰的。

可以这么说，进了华为公司的员工，都认为自己的工作是稳稳的。背靠大树好乘凉。员工们认为自己拿多少工资就干多少活。现在工作已经稳定了，不需要再额外处理。这就是典型的打工者思维啊。仅仅为了那一份工资而上班，仅仅固守于本职工作而不为老板多分忧，就像温水煮青蛙。那么被裁掉的命运，总有一天会到来。

2011 年 5 月 10 日，华为轮值董事长徐直军在 PSST（网络解决方案）体系干部大会上发表了主题为《谈管理者的惰怠行为》的讲话，系统总结了惰怠的 18 种行为表现。具体包括：

1. 安于现状，不思进取。

2. 明哲保身，怕得罪人。

3. 唯上，以领导为核心，不以客户为中心。

4. 推卸责任，遇到问题不找自己的原因，只找周边的原因。

5. 发现问题不找根因，头痛医头脚痛医脚。

6. 只顾部门局部利益没有整体利益。

7. 不敢淘汰惰怠员工，不敢拉开差距，搞"平均主义"。

8. 经常抱怨流程有问题，从来不推动流程改进。

9. 不敢接受新挑战，不愿意离开舒适区。

10. 不敢为被冤枉的员工说话。

11. 只做二传手，不做过滤器。

12. 热衷于讨论存在的问题，从不去解决问题。

13. 只顾指标不顾目标。

14. 把成绩透支在本任期，把问题留给下一任。

15. 只报喜不报忧，不敢暴露问题。

16. 不开放进取，不主动学习，业务能力下降。

17. 不敢决策，不当责，把责任推给公司。公司是谁？

18. 只对过程负责，不对结果负责。

很显然，华为总裁是期望每一位管理者，都能对照惰怠行为，做自我批判、自我反省，对照这些行为看自己有几条需要改进、怎么改进，还要针对选出来的几条，举例来支撑。我们要深刻地剖析自己，要敢于自我批判，敢于与自己的惰怠行为做斗争。

主动跳出"舒适区"，去全新的领域开拓，就是与自己的惰性做斗争，直接去面对和承担痛苦，然后在最终享受更大的满足感。这就是延迟满足的能力。而一个人如果总是愿意待在"舒适区",就是延迟满足能力的缺乏,他们不愿意直面"挑战"带来的痛苦。然而,人就是要通过各种挑战,通过一次次地承受痛苦心智才能变得更为成熟的,才能变得更为强大和有力量的。所以,生活中,当我们在舒适区沉浸久了,就一定要从中跳出来,去尝试做一些有挑战性的事情,最终成就更好的自己。

当然,要跳出舒适区,不是一件容易的事情。你可以从以下几个方面去尝试:

1. 多与那些比自己能力强的人去结交。这样的人往往充满正能量,他们的处事方式、思维方式一定是与众不同的,有值得我们学习的地方。当你与他们在一起待的时间久了,耳濡目染,你的思维方式也是会发生改变的。比如,你可能会不甘于现状,会去尝试做一些自己从来不敢想也不敢做的事情。

2. 给自己定目标。当你的不甘落后的雄心被激起后,接下来就要给自己去设定一个目标。比如你想学职场有关的技能,学习管理、精力管理、口才等方面,只有有了目标,你才有努力的方向,一个人的时间和精力有限,你不可能在有限的时间内掌握所有的技能,你可以把你想做的列一个计划表出来,然后一步一步地去完成。

3. 多去主动思考。我们所有的行动都靠我们的大脑来指挥,当我们生活中的好多习惯都已经在自己的大脑中形成一个固定思维,比如起床、刷牙、吃饭、学习、工作,我们做一些事情的时候都是在靠默认的思维系统来工作,所以,你要勇于思考,敢于问自己,真要这么机械般地活着了吗?这样,你的不甘平庸的心有可能便会被激发,从而去尝试做一些具有挑战性的事情,如此这样,你就有可能会跳出自己当下的舒适区中。

提升专注力，别让精力耗费在即时满足感中

生活中，延迟满足能力低下，很多时候，就是专注力不够的缘故。比如我们做一件事情，太容易"分心"，分心后便会急于去寻求"享受"所带来的满足感，然后在"享受"中，无法自拔。这种现象在生活中随处可见：我们正在实施一项艰难的工作，但是这项棘手的工作带给我们的痛苦太多了，所以我们便会随手拿起手机开始玩起来，还给自己找借口说：自己的心理压力太大了，太辛苦了，让自己放松一下也没什么不行，于是，自己就会沉浸于手机游戏中无法自拔，早已经忘记了如何去完成那项棘手的工作；我们想通过阅读来提升自己，可刚拿起书本还没读几页，便听到楼下同伴的嬉闹声，于是，我们便经不住诱惑，立即放下书本，到楼下加入同伴的队伍中……以上这些现象，与其说是我们抵御诱惑的能力太低，不如说是延迟满足感能力的低下。解决以上问题的关键，就在于提升自我的专注力，让自己沉溺于去解决棘手的工作和阅读之中，那么你的延迟满足感能力便会在不知不觉之中得以提升了。

生活中，那些身上挂着所谓的"精力达人""高效精英""工作红旗手"之类的隐形牌匾的人，都是延迟满足感能力极强的人。他们能随时地掌控自我，不会将自己的精力浪费在无关紧要的事情上面，在任何情况下，都会主动地避免干扰，以百倍的专注力去完成既定的

工作。

在工作的五六年时间里，刘寅在单位被人称为"精力收纳狂"。在他离开第一家公司时，老板曾对他三度挽留；与第二家公司分道扬镳后，经理用三个人填补他原先的岗位空缺；在当下的单位中，他也被同事称为"高效达人"。

除了顺利地完成当天的工作任务外，刘寅每周都会保证自己阅读3~4本书，大部分工作日下班后就直接奔菜市场买菜做饭；他想健身，因为没时间去健身房，所以就在家里置办了跑步机、健腹机等健身器材，可以抽出更多的时间来锻炼。尽管每天都会加班，但是他还是会挤出时间去博物馆当志愿者。很多同事曾问他精力为何总能分配得那么好，刘寅则说：在任何时候都要懂得延迟那些因耗散精力而带来的满足感，或者说，他根本杜绝自己去做那些能让他陷入满足感的事情之中，比如在上班时间，他会把淘宝网页设置成受限站点，上班时间不要网购；在做需要注意力高度集中的重要任务时，把手机都调成飞行模式；路过茶水间的"妈妈帮"、"相亲团"聚众闲聊时，不久留；业余时间做自己喜欢做的事，累积的正能量是他度过一切苦厄的"硬通胀"。

事实上，成就大事者，都会杜绝让自己轻易陷入满足感的事情之中，为了让自己的精力更多地用于正事上面，他们能合理地分配时间，有极高的情商，能很好地控制自己的情绪，不会因为情绪问题而置自己于焦虑、忧虑、担忧和痛苦中，他们只将专注力放于"当下"。

真正重要的从来不是努力做什么，而是沉下心来，避免干扰，去做好一件事。要知道，一个人一生的时间和精力都是有限的，专注，有时候比努力重要100倍。

生活中，我们总是感慨他人所取得的成就、头衔、名目，而一心想要追逐，幻想着有朝一日也如他般耀眼夺目。而其实，鱼与熊掌，不可兼得。你想要的越多，会失去的也就越多。一辈子能做的事本身就不多，我们千万不要因为过分地贪求外在的那些"垃圾快乐"而耗散了自己的精力。

一位心理学家指出，究竟什么才是一个人拥有的最宝贵的财富呢？答案是：专注力！为什么这么说呢？举个例子，比如你给老板打工，但只要你坐在办公室里是没用的，你会因为没有任何产出而被老板开除，你想获得工资报酬，你就得把你的注意力集中在需要完成的事情上，然后用自己的经验、学识、行动去解决问题，再用你完成的工作去兑换工资。

那你的经验和学识又是如何来的呢？

对，就是你曾经用注意力在课堂上、在工作中兑换而来的。再比如，你想拥有一段良好的关系，怎么办？那就把你的注意力放到伴侣身上，关注他（她），关心他（她），而不是只把身体和金钱给对方，留下自己的灵魂在外面随风飘摇，是难以换来长久的幸福的。所以，我们一切的价值创造活动，最终都是你的注意力交换而来的！

想一想，你唯一与生俱来的、可以自主控制的并且还能拥有生产力的，除了专注力，还有什么？没有了！专注力，就是你拥有最宝贵的财富。所以，从现在开始，杜绝让自己的精力被"垃圾快乐"所侵占，别让自己常轻易沉浸于即时满足感中无法自拔，而应该将自己的注意力用于正事上，通过做出成就让自己获得更为长久的满足感。

坚持阅读：让你获得更为持久的"精神快感"

从根本上讲，延迟满足感能力的提升，就是让自己克服"及时行乐"的天性，而立足于更有利于个人成长和发展的事情上面，从而最终获得更大和更为长久的满足。但是，人都有避苦趋乐的本能，很容易沉溺于"及时行乐"的事情中无法自拔，所以，延迟满足感能力就显得极为重要，并且这种能力也是反人类本性的，是需要我们去刻意锻炼、去通过持续性地努力而培养成的。而"阅读"则是实现这一途径的一个有效的方法。

我们的生理结构决定了我们的大脑和身体更喜欢"偷懒"，相比需要我们付出时间和精力去获得的复杂知识，我们的大脑更喜欢简单直接地解决问题。而阅读则是一个需要我们付出时间和精力去获得复杂知识的一种途径。所以，生活中，如果我们能够长期地坚持阅读，就是对延迟满足能力提升的一种刻意练习，最终你将获得到意想不到的收获。

陆萧，一个30多岁的人，从学校毕业到如今已经快十年，已经换了五份工作，而且每份工作坚持的时间都不超过2年时间。陆萧自己也明白，自己总是换工作，主要原因在于自己缺乏定力，每一次找的工作也算还喜欢，但就是处理不好与领导或同事的关系。有一次，他凭自己的专业知识到了一家自己梦寐以求的公司上班，那是家大互联网公司，在行业内极有影响力。刚入职的陆萧凭着过硬的专业知识受到了上司的青睐，觉得以他的技术水平，如果足够勤奋的话，一定能在公司做出大的业绩来。那时候的陆萧对自己也是信心满满，并且暗暗发誓一定要好好干，做出一番成就来。

可半年过去了，陆萧才深深地体会到光鲜靓丽工作背后的辛酸，那就是公司总要求员工无条件地加班。这让缺乏定力的陆萧总想一走了之。有一次，公司领导又要求加班，平时懒散惯了的陆萧已经连续加班两天，这次他真的忍受不了了，便与领导发生了冲突，最终摔门而去，第二天便没再来上班，就这样陆萧一气之下将自己美好的前程给断送了。实际上，接下来的几份工作，都是因为类似的小事情而让他错失了许多个获得个人发展的机会。

对于此，陆萧也深知：自己有过硬的技术，但就是在小事面前不懂得延迟自我满足感，总会因为冲动做出一些因小失大的事来。为了改变这种状态，他决定通过阅读来改变自己。对此，他有自己的原因：自己总做出一些冲动的事，与其说是情商低，不如说自己的耐力和修养不够。而广泛地阅读则能让自己最大限度地静下心来，修炼自己的耐力和忍受力。同时，阅读还能增加自己的见识和格局，让自己活得更通透、明事理，进而就能从根本上改变自己心胸狭窄的问题。

就这样，他在闲暇之余开始到图书馆阅读大量的书籍，从文学到哲学，再到通俗物理学、化学等，凡是好的书籍，他都不错过。从几个月再到一年，他慢慢地发现自己更有耐心和爱心了。以前那些让他看不惯的事与物，他开始接纳它们了。他自己知道：阅读让他收获的不仅仅是个人认知的提升，而且让他变得更为慈悲和宽厚了。慢慢地，他终于明白：当一个人有厚实的内在知识底蕴做支撑，就不会再去刻意地计较个人的得与失，更不会在乎周围人对他的冒犯，也不会在乎他人的误解和世俗偏见对自己的评价，因为他的内心本身就是一个完美的世界，为此他不会色厉内荏，外强中干，更不会随意对人发脾气。这样的人，对自己与周围的人和世界都有极为强大的信念，这种信念能让他坚持自我原则，与世间万物和谐相处。

他更明白，坚持阅读的好处，增长的不仅是自己的智慧，还能修炼一颗强大的内心，让他有开放的意识与开放的心态，对于任何不同的声音，他都能够认真听进去，然后能用自己的逻辑、常识、常理、直觉、经验以及科学的方法去检验，所以他们对于他人冒犯性的行为和话语不会轻易发怒，而是会理智且和谐地解决与他人的冲突和矛盾。

不久后，陆萧终于又一次走入职场，找到了一家不错的公司，并且为自己制订了极为详尽的个人发展规划，如今的他已经是那家公司的技术部经理了，可他还是坚持着每周必读一本书的良好习惯。

的确，坚持阅读这个习惯，增长的不仅仅是你的智慧和见识，提升的也不仅仅是你的思维力和胸襟、格局等，关键是它能提升你的个人修养、层次，让你变得富有耐心和慈悲之心，让你能更宽容、平和地面对自己与周围的一切。最为关键的是，它能提升你延迟自我满足感能力，让你能更理性和平和地坚持自己的发展方向，不断地变得优秀，成为最好的自己。

文字是人类极为伟大的发明，这种抽象符号的出现，曾经突破性地推动了人类文明的进步。再也没有比抽象符号的阅读与审视，更能够促进人类大脑发育的了，久而久之会让你摆脱简单直接解决问题的本能，让自己从根本上提升延迟自我满足感的能力。

另外，阅读的最高境界，是享受生活，体验生命的快乐。人生苦短，来日方长，你的心，面临着物质与精神享受的双重需求。此二者的机制完全不同，物质生活的享受，是短促的爆发式的，它带给你的满足感是极为短暂的，而后者是繁花落败的空虚寂寞冷，而阅读所带来的精神快感，却是缓慢而持久的，能够让你的生命充实而饱满，如果你确信明天还会来临，那么就应该勇于舍弃那种因过度追求物质享乐而带来的满足感，而是应该拿起书本，让生命在长久的满足感中安享芬芳。

那么，在现实生活中，我们该怎样让自己将阅读这件事坚持下去呢？你何不尝试以下的方法：

第一，刚开始坚持时，尽量选择自己感兴趣的内容。我们要坚持阅读下去，就需要选择一些自己比较喜欢和感兴趣的内容，这很重要。每个人感兴趣的领域多少有些差异，有些人喜欢自然科学；另有一些人钟情于社会科学。当我们有了这方面的兴趣以后，就会对阅读有些热情了，不会感到乏味无趣。

第二，安排好阅读的时间，充分地利用碎片时间读书，积少成多。现代社会，人们的工作和生活节奏非常快，人们很难会有大块的时间用来阅读。如果大家都在等待有了一些整块时间之后再阅读的话，就很难坚持每天阅读，因此必须要充分利用零碎的时间来完成每天的阅读计划安排。例如，我们可以在通勤时间用手机阅读电子书，也可以在开车的时候通过手机收听一些有声书。也可以在出差的时候在行李箱里面放一两本自己计划阅读的纸质书，闲暇或等待时间可以拿出来读上一段。这样每天坚持下来，其实，你会发现，用不了多久，一本书很快就会被读完。

第三，每天完成阅读任务后，给自己一定的奖赏。阅读的确可以让我们享受到精神上的快感，但为了使自己抽出更多时间将阅读这件事更愉快地坚持下去，还要适当地给自己一些外在的奖励，比如给自己奖励一块小蛋糕、一杯奶茶等，这样可以增加坚持阅读的动力。

第四，阅读要尽力祛除功利性。功利性的阅读不仅难以让你享受到精神快感，有时候甚至还会伤害你的大脑。因为过度的条件反射，会让你在拿起一本书时产生这里面的知识是有用还是没用的意识反应。这种短视的陋见，会让你的大脑限定于即时的固化状态中，对个人延迟满足感能力的提升毫无用处，因为你看书是为了获得"有用"的即时满足感。

一个人只有通过大量而广泛的阅读，才能重启你的大脑。所以，生活中还是读一读那些对你来说没什么用的书吧，比如理科生读读加西亚·马尔克斯的《百年孤独》，读读太宰治的《人间失格》等，文科生读读霍金的作品，读读量子力学等内容。唯有阅读丰富，才能使你的大脑更为灵活，遇到事或物不会只做出最为简单、直接的判断。

坚持跑步：痛苦过后，便是更为持久的满足感

坚持跑步，对于提升延迟自我满足感能力来说，是一种极有效的方法。在现实生活中，我们都可能有这样的感受：我们要跑步，刚开始跑的时候感到呼吸困难，浑身难受，觉得自己的身体似乎被灌了铅一般，难受极了，这是一个极为痛苦的过程。而当你跑完停下来后，便会觉得浑身畅快十足，内心的焦虑、忧虑等负面情绪似乎随着汗水一排而尽，感觉自己整个人都被幸福和快乐所缠绕。所以说，跑步的

过程，实际上就是不断地先让自己承受痛苦，进而享受更大的快乐的一个过程，这个过程也是延迟自我满足感的过程。为此，对我们个人而言，要提升延迟自我满足感能力，那就从跑步开始吧！每跑一次，你的延迟自我满足感便得到一次加强，随着时间的推移，这种能力便能得到加强。

跑步后能使人产生畅快、快乐和满足的感觉，也是有科学依据的。人在快乐的时候，大脑会分泌内啡肽，而跑步会加速这种物质的分泌。首先我们应该来解释一下内啡肽这个名词。内啡肽是身体内自己产生的一类内源性的具有类似吗啡作用的物质，当人们进行一定的运动时，体内的内啡肽会持续分泌。但是这和跑步的强度也是有一定关系的，长时间、连续性的、中量至重量级的运动、深呼吸是分泌脑内啡的条件。这种"快乐激素"能够排解人们的压力和坏情绪，让人变得愉悦和满足。对于这种情绪的感受也会让很多人对跑步越来越上瘾。

另外，跑步中加速内啡肽分泌依靠一定的运动量，对于经常跑步的人来说，将这项运动坚持下去已经成为他们生活的一部分。他们经常会有一种跑步"上瘾"的感觉，觉得不训练就浑身不舒服，总是想跑跑。没错，这种愉悦感是不断地在跑步训练中积累的，通过一定的运动量积累，内啡肽对情绪影响的效果会更明显，这在长期训练的跑者中能够体现出来。

同时，跑步与体内荷尔蒙分泌也有一定的关系。我们都知道，荷尔蒙是影响个人情绪的重要因素之一。当脑神经元中缺乏荷尔蒙时，会导致负面情绪的产生。跑步时，随着不断的训练，人体荷尔蒙的分泌也会增加，从而抑制负面情绪。

综上所述，跑步能让人产生快乐、幸福和满足感，同时还能帮我们释放掉负面情绪，尽管在进行时是极为痛苦的，但最终带给我们的却是更大的满足感。所谓的延迟满足感就是让你懂得克服当前的困难而力求获得长远利益的能力，正如跑步的过程一样，先通过克服当下跑步过程中的诸如呼吸困难、浑身酸痛等种种痛苦，然后再获得幸福和快乐的感觉，同时还能让自己拥有健康的体魄和极具张力的生命力，对生命而言，没有哪种利益或好处能抵得上跑步后所获得的这些。

日本作家村上春树有一本书叫《当我谈论跑步时我在谈论什么》。他说，"我作为一位真正的严肃作家的生活，始于开始跑步的那一天。"那是1982年，他跑步的初衷只是因为减掉因戒烟而产生的赘肉。之后的三十多年里，他都坚持着这个习惯：每天写作四小时，然后跑约10公里。

"开始跑步后，有那么一段时间，我跑不了太长的距离。二十分钟，最多也就三十分钟左右，我记得就跑这么一点点，便气喘吁吁地几乎窒息，心脏狂跳不已，两腿颤颤巍巍。因为很长时间不曾做过像样的运动，本也无奈……但坚持跑了一段时间，身体便积极地接受了跑步这件事儿，与之相应，跑步的距离一点点地增长。跑姿一类的东西也形成了，呼吸节奏变得稳定，脉搏也安定下来。速度与距离姑且不问，我先做到坚持每天跑步，尽量不间断。

就这样，跑步如同一日三餐、睡眠、家务和工作一样，被组编进了生活循环。成了理所当然的习惯……

跑步对我来说，不仅是有益的体育锻炼，还是有效的隐喻。我每日一面跑步，或者说一面积累参赛经验，一面将目标的横杆一点点提高，通过超越这高度来提高自己。至少是立志提高自己，并为之日日付出努力。我固然不是了不起的跑步者，而是处于极为平凡的水准。

然而这些问题根本不重要。我超过了昨天的自己，哪怕只是那么一丁点儿，才更为重要，对于跑步，如果说有什么必须战胜的对手，那就是过去的自己。

……

在跑步的过程中，我们开始明白，人生没有极限，无论遇到多么糟糕的事情，只要你一直奔跑下去，你总会度过它们，继续这段旅程。人生也像每一次的奔跑一样，永远都是孤独的。但你还是要这样一圈一圈地奔跑下去，筋疲力尽也不能停下，没有起点，没有终点，一直在跑步的路上。

……

跑步可以给人带来许多变化，但是最让人内心为之一怔的变化就在于你终于清晰地洞察到了自身局限的那一刻，那种感觉就像是体内那些牢固的东西正在一点一点地解开，你开始看见自己的性格、遇见怀疑和痛苦。这都是难以避免的东西，这些都会在你跑步的途中一一出现。

有人会选择逃避，但那些内心真正有力量的人却会选择的磨难，用体内的力量去保持自己的活力，有勇气去面对自己的弱点和生命当中的惨淡，这才是坚持到终点露出笑容的真实原因。它无关乎成绩、名次，它所透露出的是生命的质感和张力。"

"痛楚难以避免，而磨难可以选择"是很多跑步者坚持跑步的理由之一。在那些跑者看来，人生处处都有"痛楚"，比如精神空虚，受焦虑、抑郁、忧虑甚至痛苦等负面情绪以及病痛的缠绕等，而我们可以用跑步的短暂的"磨难"去化解精神方面长久的"磨难"，这就是延迟满足感所强调的生活理念。

那些能坚持跑步的人，通常都具有极强的延迟满足感能力。因为相对于眼前即时的快乐而言，他们更在乎追寻深层的人生意义。现代心理学发现，热爱跑步的人，通常更热爱追求深层次的意义，而非浅层次的快乐。快乐是一种指向当下的、积极的情感状态；而意义则关乎更广泛、更深层次的价值追求。

随着物质的丰富与科技的发展，我们很容易活得舒适，几乎不可能再置身于极寒、极热、非常饥饿或筋疲力尽的状态中求生存。但热衷跑步的人，即便并不明确自己追求的到底是什么，但当他们安静地奔跑着，在此过程中经历着困苦、沮丧、快乐等种种情绪，跑步本身已经成了体验延迟满足感的一个过程。所以，跑步的意义绝不是单单地强身健体，它更像是一把缓缓转动的钥匙，跟随着时间的齿轮一起转动，它开始的是新的人生体验，开启的是一种全新的人生大门。

那么，在现实生活中，我们具体该如何将跑步这件事坚持下去呢？

1. 在心情不佳的时候，去尝试一次跑步。对于不经常运动的人来说，刚开始奔跑绝对是一件极痛苦的事。所以，我们很难开始。但你心情不佳时，与其被坏情绪折磨，不如穿上跑鞋，随时随地开启一段跑步旅程，你可以跑得慢一些。等你开始出汗，心率加快，坚持几公里后，你停下来便能尝到那种畅快淋漓的快乐的感觉了，那些坏情绪已经被一扫而空。当你有了这次绝佳的体验后，你便有了下一次乃至下下一次跑步的动力。

2. 注重仪式感。如果你刚开始跑步，最好固定好跑步时间及跑步的地方。如果是已经跑了一段时间的跑者，固定好自己每周的跑步频次与每月的跑量目标。比如每天晚上 7 点，××公园，到点了，就一定穿上跑鞋出门，将跑步这件事看成是和异性的约会！当你有了许多次良好的体验后，你便会对跑步这件事上瘾了。

3. 可以找到一个（一群）跑步的小伙伴：两个人一起跑步会比一个人轻松一百倍，你们可以事先商量好今天跑多少，然后边跑步边聊天，这样 10km 跑下来会有才跑了 5km 的感觉，另外这个方法可以让你拥有许多朋友，因为跑步的时候是大家心情最放松的时候，而且跑步的时候大家的心情会很愉快。这有助于增加你的跑步愉悦体验，进而增加你将跑步这件事坚持下去的动力。

4. 如果你觉得坚持是一件极困难的事，那不妨以打卡的方式督促自己。比如，你可以在微博打卡，每次想偷懒的时候就会告诉自己不跑今天就不能打卡了，你也可以找一些朋友在线上打卡，比如在微信群里，每天看看大家都付出了多少努力，有一群正能量的小伙伴非常重要。

5. 奖励：这应该是激励自己的一个方法，比如，当自己跑满 100 公里时，可以去买一双好的跑鞋，当自己跑满 500 公里时去买一套新的运动服之类的，当你拿到自己给自己的奖励的时候，你会有新的动力去努力。

6. 不断地用其他人坚持跑步的人和事例去激励自己。比如你觉得自己最近充满了负能量，对跑步这件事丝毫提不起兴趣，这个时候，你可以去看一些具有激励性的视频，一些关于自律的励志性的演讲。当你看完它们，内心便会被激发出一股力量，你可能就会告诉自己：无论如何都要出去跑。要想达到目标，就要去不断地超越自己，就要勇敢地去突破自己，你可以失败，但绝不能自我放弃。

从微小的习惯开始改变自己

很多人做事设定了目标后，下定了决定开始改变自己，但迟迟难以迈出脚步，总愿意停留在当下的舒适圈中不愿行动，最终让目标永远停留在纸面上。造成他们延迟自我满足感的能力低下的主要原因是，他们高估了自己的自控力。同时，采取实现目标的策略不对。

心理学研究也表明，人们总是会习惯性地高估自己的自控力。这便揭示了很多人难以做出改变和延迟自我满足感能力低下的主要原因。他们雄心勃勃，却高估了自己的能力，为求改变而勉强自己做出超出自己能力的事情。这便是欲望和能力的不匹配。比如说一个毫无写作功底的人想成为作家，为了达成这个目标，他给自己立下了规矩：每天必须坚持写 5000 字的练笔。5000 字是个巨大的挑战，因为其文字功底太差，每天坚持 5000 字的阅读量都是难以实现的事，更别说一天要写出 5000 字的文章。于是，在计划开始的第一天，他便开始执行这项"艰巨的任务"。他摊开纸和笔，心里想着要完成今天的任务，但他发现自己根本无从下笔。终于，几个小时过去了，他磕磕绊绊勉强只写了几百个字，而且里面还有诸多语句不通、语法错误等问题，自己拿起来读，觉得自己写的什么也不是。这时，他的心理便受到了沉重的打击，于是，便放弃了自己的"作家梦"，甚至还会觉得自己真不是这块料。导致这个人延迟满足感能力低下的主要原因，在于他高估了自己的自控力和能力。所以，要提升这种能力，就要调整自己实现目标的策略。比如，如果他刚开始给自己立下这样的计划：每天阅读1页书，写出10个字以上的句子或文章，那他就很容易让自己坚持下去。然后，每天给自己一些挑战，比如第一天他只看了1页书，写出了10个字以上的句子，第二天，要求自己看1.5页，写出15个字的句子……这样一天比一天多，那最终，他的目标便可能得以实现。这就是微习惯的力量，即设定目标后，每天通过完成一些细小的目标，通过长时间的坚持，让自己养成一种习惯，从而使自己通过大蜕变，最终达成大目标的过程。可以说，养成属于你自己的微习惯，就是在不断提升延迟自我满足感能力的过程。

欧内斯特·海明威说过：持之以恒，不乱节奏，对于长期作业实在至为重要。实际上，一个人一旦制定目标后，再依照目标使自己的生活节奏或习惯得以设定，其余的问题便可以迎刃而解。然而要让惯性的轮子以一定的速度准确无误地旋转起来，其前提必须要具有延迟满足感的能力。而惯性的行动又能反过来强化延迟满足感的能力，所以生活中，当你要改变自己，突破自我，就要先具有延迟满足感的能力，将自己的生活中嵌入实现某一目标的行动，然后慢慢地培养成能力，然后在习惯中使延迟满足感能力得以加强，从而最终达成愿望。

三年前，张华是一家文化公司的员工，每天的工作就是写文案，核对错别字，单调而枯燥，而且收入也极低。但他的全新的人生却因为一个深蹲动作而彻底改变了。

三年前的年末，公司开完年会便宣布放假。回到家中，张华思虑万千，对自己那一年的总结语是：很不满意。他这样写是有理由的：

工作遭遇到了瓶颈期，难以突破；由于过得空虚，他觉得自己每天都活得死气沉沉，疯狂熬夜打游戏，身体状况越来越糟糕，一年中每每换季之时准会感冒，而且每次感冒持续的时间都很久。年末时单位组织体检，体检报告上多处都亮了红灯，医生给他的忠告是：以后少熬夜，多注意休息……这一年糟糕的体验，让张华在纸上写下了新年愿望：活得更精彩和健康一些。他暗暗下定决心，一定要早睡早起，不让自己再沉浸于"垃圾快乐"中无法自拔。他要让自己突破工作瓶颈，要回归健康的生活状态。

那一天，张华想了许多：记得从高中时起，他就一直想将锻炼身体培养成一种习惯。尽管他也付出不少努力，但中间有几次都因为各种各样的原因而中途放弃，还有几次甚至连原因都没有就直接放弃了。那天他想着自己的体检报告上的数字，他觉得自己必须要行动起来了。那天毕竟是个表决心的日子，他想赶在新年来临之前有所行动，所以决定用锻炼30分钟的方式开一个好头，争取通过一年时间的锻炼，让自己的体重减掉30斤。

而接下来，他站在那里，一动不动，毫无动力。他试着用平时激励自己的那句话："加油啊！要成为更好的自己，必须加倍努力才行。"随后，他又打开手机，播放运动音乐，幻想着自己能拥有职业运动员那样健硕的体魄。但各种方法试过后，一点作用也没有。他觉得自己像个废物，还没开始便又放弃。那一刻，他立下的30分钟的运动计划和决心，像攀登珠穆朗玛峰一样困难。他完全不想锻炼，感觉自己特别失败。实际上，并非如此，他猛然意识到，让他迟迟无法行动的不是运动本身，而是他已经被这30分钟锻炼要花的时间与精力吓到了。要让自己在一年内瘦掉30斤，要达到这个目标还需要投入一年的努力，这真的有点吓到他了。他感到沮丧和惭愧极了，不知所措，自己什么都还未干，却开始心灰意冷了。

后来，如果不是让自己做30分钟的挥汗如雨、浑身酸痛，而只是做一个深蹲动作会怎么样？他告诉自己：不必多做，仅仅做1个就够了。这正好与他刚开始的痛苦体验相反。最终，他苦笑着打消了这个想法，觉得自己真是"太可悲了！"一个深蹲动作能改变自己什么呢，自己得多锻炼才行！可每当他想按最初计划行动时，又难以坚持下去了。因为30分钟的深蹲运动计划让他感到害怕。最后他心想："管他呢，就只做1个。"于是，他弯下身子轻松地做了1个深蹲动作。自此以后，他的人生从此走向了光明。这1个深蹲动作体验当然是痛苦的，因为长时间的不运动，为了让动作更为标准，他的双腿的肌肉像要裂开了，气喘吁吁。可是，既然已经摆好架势了，那就索性再做几个。每多做1个，他迟钝的肌肉和顽固的大脑都是无比痛苦。这时，他起身想，这总比什么都不做强吧。他高兴极了，这是他第一次战胜自我。此时，他心想："今天的运动量就到此为止吧！"紧接着，他又打算再挑战一下自己：再做一个俯卧撑，如此简单的要求没什么好让自己拒绝的吧！就这样，他趴下身子，完成了1个俯卧撑的标准运动。然后，觉得已经摆好了姿势，不如再索性多做两个，反正觉得自己还能撑得下去。这时，他的肌肉活动便又开始了，又接连多做了好几个。

万事开头难，那时他的身体很差，内心难免对运动那件事有抵触心理。于是，在接下来的几天，他采用相类似的策略，每次都给自己设立极小的运动目标，然后再让自己通过挑战，争取比前一天多做几个运动。就这样，他终于将运动的计划坚持下来了，两年过去了，如今的张华已经可以一口气做 40 个俯卧撑，在 20 分钟内完成几百个深蹲运动。他的身体开始变结实了，肌肉也练出来了。

这种锻炼正在变成惯性，即使是面对如此微不足道的挑战，他每天也会觉得那是件了不起的事情。定期的锻炼让运动变得越来越简单。正因为有了这样的正能量经历，那一年中，他毅然辞掉了工作，打算在家写文章，做公众号。与第一次开始运动时的感觉一样，他每天是痛苦的。他要求自己每天坚持阅读，准时趴在电脑旁边写作。他只给自己制定较小的目标，比如每天只读半页书，每天只写几个标题。接下来的每一天，他开始不断地挑战自己，从最开始的半个月更一篇文章，到如今的每日都更新，他的粉丝量也是积少成多，如今他的收入极为丰厚。

张华的改变就始于一个深蹲动作，就因为这个深蹲，让他成为更好的自己。如今的他，从原来的体弱多病，到现在的身体康健。每天都忙着读书、写作和运动，偶尔会出去旅游，增长见识，生活过得异常精彩。也正是从三年前的那个深蹲动作开始，他的人生开始出现了诸多美妙的变化。

每一个伟大的成就都是建立在之前打好的基础之上。追根溯源，你会发现一切都开始于那一小步。如果没有那个深蹲运动，张华很可能还深陷于如何跟自己的惰性做斗争，纠结于如何去提升延迟自我满足感能力，可能还待在那家单位，每天拼命地激励自己去健身，纠结如何坚持阅读和写作，如何提高自己的收入。正是那个深蹲——一个极细小的动作启发他找到了新人生发展策略，让他受益匪浅。所以，如果你是个延迟满足感能力极差的人，比如做事情容易半途而废，自己的精力很容易被那些能让自己获得"即时满足"的垃圾快乐所消耗掉等，那就让自己从微小的一个行动开始改变。一天让你去做很多事情产生的影响要比让你每天只做一点儿事，完成一个微小的目标对你人生的影响力要大得多。因为每天完成一点儿事，积累起来就形成了一辈子的固定的习惯。很快，你将能体会到它对你的影响力有多大。

当然了，要挑选一件能让自己一辈子坚持做下去的事情是件不容易的事。而如果你给自己两年的时间去改变自己，去养成一种习惯，从而最终去实现一个对于你来说是极为"伟大"的目标，那却是件容易的事。比如，你可以尝试练习一项你一直想要开始的运动，然后成为高手；你可以每天开始冥想，这样可以加强你的自我意识，提高你应对问题的能力；你可以开创一项业余事业，并让它走向成功。在我们人生的长河中，两年的时间根本算不得什么，也很容易被我们白白地浪费掉。但如果你通过一些微小的变化，实质性的付出和坚持，你就可以变得更有价值。所以，从现在开始，你每天早晨起来都面对两个选择：是积极努力还是消极度日。如果多数时间，你选择后者，那两年时间也是转眼即逝；如果你选择前者，每天有目标地积极前进，两年就意味着有更多的时间。不同的选择，造就了不同的命运。如果你每天都足够努力，没有什么事情是两年你无法实现的。开始做你一直想做的事情，对于年少的梦想来说，你永远不会老，只要你想，你还是能去做极限运动，你还是能够去学习一种乐器，你还是能成为一个舞者，或者是摄影师等。从现在开始的两年时间，只要你真的想要，你就能变得很厉害。不要让你的过去决定你是谁，也切勿因贪图一时的满足感而让许多梦想在岁月中被荒废掉。别轻易让恐惧支配你，不要让社会标准囚禁你，年龄只是一个数字而已！我们每个人都应该被赋予独特性，并且与自己的局限性斗争，每天做你喜欢的事情，哪怕只有几分钟，你也会享受这个过程！